成功是一种心态

著

中国商业出版社

图书在版编目（CIP）数据

成功是一种心态 / 冯化志编著．－－北京：中国商业出版社，2019.9
 ISBN 978-7-5208-0862-0

Ⅰ．①成… Ⅱ．①冯… Ⅲ．①成功心理－通俗读物 Ⅳ．① B848.4-49

中国版本图书馆 CIP 数据核字（2019）第 175053 号

责任编辑：常 松

中国商业出版社出版发行
010-63180647 www.c-cbook.com
（100053 北京广安门内报国寺 1 号）
新华书店经销
山东汇文印务有限公司印刷
*
710 毫米 ×1000 毫米　16 开　13 印张　160 千字
2020 年 1 月第 1 版　2020 年 1 月第 1 次印刷
定价：48.00 元
*　*　*　*
（如有印装质量问题可更换）

前　言

　　成功，从字面意思解释，即成就功业或获得预期的结果，达到既定的目标。它包含两方面含义：一是社会承认个人的价值，并赋予个人相应的酬谢，如金钱、地位、尊重等；二是自己承认自己价值，从而充满自信，拥有充实感和幸福感。

　　但是，人们往往忽略了成功的后一种含义，认为只有在社会承认我们、他人尊敬我们时，我们才算有了成功的人生，只有在鲜花和掌声环绕着我们时，才算获得了成功。其实并非绝对如此。

　　实际上，一个人只有在对自己具有较高认可并认为自己一定会成功时，他才可能真正成功，这是获得成功的一种重要心理。由此也可以说，成功是一种积极的感觉和境界，它是我们每个人达到自己理想之后的一种自信状态和一种满足感觉。

　　在当今社会，你是选择安于现状还是追求上进，完全是由你的选择。有的人认为自己除非干出一番大事业才算是成功，而有的人认为只要找到稳定的工作，有个温馨的家庭就算是成功。

　　在这个社会中，我们需要的是量力而行，而不是好高骛远，就一般人而言，也许你并没有干出轰轰烈烈的事业，但这并不影响你在其他方面成为一个成功的人。只要我们根据自己的理想和目标，不断地去奋斗，体现出自我的价值，无论结局如何你都是成功的人。所以，我们更需要重视自信心和每一次小的成功，这样就容易获得一种轻松而稳定的心理。成功多了，你的生命也就很美好很幸福了。

总之，良好的心理特质，对于一个人的事业、未来、人生都有莫大的好处，所以一个人若想成就事业，拥有良好的心理是不可缺少的条件。曾经有一句谚语说："通往失败的路上，处处是错失了的机会。坐待幸运从前门进来的人，往往忽略了幸运也会从后窗进来。"成功不会落在守株待兔者的头上，只有意志坚强、勇于进取、敢于挑战的人，才能抓住胜利的时机。这正道出了拥有良好心理的重要作用。

有位成功人士说过，在影响成功的诸多因素中，一个好的心态能够起到95%的作用，而正确的各种技巧的作用仅占5%。可见，好的心态对于能否成功是多么重要。一个人如果具有积极的心理，乐观地面对人生，勇敢地接受挑战和应付各种麻烦事，那成功之于他就完成了一半。一个人，当你对成功的渴望就像需要空气一样时，你就离成功不远了。一切的成就，一切的财富，一切的快乐，都始于一个意念。想成功，必须拥有好心理。

也就是说，在每个成功者背后，都有一股巨大力量，那就是自信的心态在支持和推动着我们不断向自己的目标迈进。自信的心态正是我们创造和拥有财富的源泉。当然，它也与我们后天的勤奋努力分不开，拥有积极的心态，再加上忘我的奋斗，那么，每个障碍、每个困难，都有可能成为我们超越自己的机会。

为了帮助人们消除心理困惑，不断拥抱成功，我们精心编撰了本书。本书从需要与动机、理想与目标、行动与实践、自信与自强、拼搏与坚持、成功与超越等方面入手，以通俗的语言、朴实的道理，详细具体地分析了我们在实现成功道路上容易出现的心理问题，并相应提出了重要而实用的调适方法。相信通过阅读本书，一定会对我们强化心理优势、迈向成功之路起到积极而现实的指导作用。

目 录

第一章 需要与动机的心理态势
  生理需求是人类的基本需要 …………………002
  安全感是健康生活的基础 ……………………005
  情感需求是心灵的美好会意 …………………008
  尊重能体现一个人内在的修养 ………………012
  求知欲是人生发展的重要基石 ………………017
  正确看待审美的心理需求 ……………………022
  自我实现是一种积极的追求 …………………026

第二章 理想与目标的心理定位
  理想是照亮人生前程的明灯 …………………034
  不要迷失在不切实际的幻想中 ………………038
  梦想是一个人心灵的翅膀 ……………………041
  善于把兴趣与目标合一 ………………………046
  好的人生离不开好的规划 ……………………050
  成功需要确定好自己的目标 …………………055
  学会克服盲目追求的心理 ……………………059

第三章 行动与实践的心理潜能

迟疑不决会错失良好的机会 …………………… 064

要改变夸夸其谈的习惯 …………………………… 067

探索是人类基本的思维方式 …………………… 071

勇于行动才能造就成功 …………………………… 076

果断才能改掉拖延的毛病 ……………………… 080

学会灵活做事才能人生畅通 …………………… 085

冒险不等于莽撞和失控 …………………………… 090

第四章 自信与自强的心理作为

自信是成功的第一要诀 …………………………… 096

积极的心态使人心想事成 ……………………… 102

乐观是心胸豁达的体现 …………………………… 110

自立是人生的一种良好习惯 …………………… 116

信念是获取成功的第一要素 …………………… 119

第五章 拼搏与坚持的心理专注

专注是成功的"神奇之钥" ……………………… 124

意志是一种强大的力量 …………………………… 129

拼搏是成功者必备的精神 ……………………… 135

成功属于持之以恒的人 …………………………… 140

学会将压力变成动力 ……………………………… 146

坚持不懈是一种可贵的精神 …………………… 152

善于培养开拓创新的品质 ……………………… 156

第六章 成功与超越的心理境界

正确地看待成功心理 ……………………………… 164

不要让奢侈心理蔓延 …………………………… 170
幸福其实是一种心理感受 ……………………… 173
快乐是成功的基本元素 ………………………… 180
自我超越是对自身能力的突破 ………………… 187
感恩心理能体现生命的温暖 …………………… 192
高峰体验是成功的最高境界 …………………… 196

第一章 需要与动机的心理态势

需要与动机是一个人正常的心理态势与意识。二者之间具有密切的关系。当人的需要未得到满足时，会产生一种紧张不安的心理，在遇到能够满足需要的目标时，这种紧张的心理往往就会转化为动机，推动人们努力实现目标。

可以说，有需要和动机，我们才会有成功的可能。需要是我们积极性的基础和根源，动机是推动我们活动的直接原因。

我们人类的各种行为都是在动机的作用下，向着某一目标进行的。而我们的动机又是由于某种欲求或需要而引起的。

生理需求是人类的基本需要

在我们的生命中,离不开两件大事:一个是个人生存的问题,一个是生命延续的问题。生理需求便是我们对生存的需求,是最基本、最强烈、最原始、最显著的一种需要,也是推动我们行动的强大而永恒的动力。

马斯洛认为人类有五种基本需求,即生理需求、安全需求、社交需求、尊重需求和自我实现需求。在这五种需求中,生理需求是我们人类最基本的需求。人只有当最基本的需要得到最低限度的满足后,才会追求高一级的需求。

1. 了解食欲的重要性

食欲与性欲是人类的本能,是紧密相连的,许多名人与伟人都在这方面有过阐述。世上的万事多是从这两件事情引发而来。

马斯洛认为,生理需要是我们的需要中最基本、最强烈、最明显的一种,在这中间,马斯洛尤其强调食物对人的重要性。

正如马斯洛讲的那样:"如果一个人极度饥饿,那么除了食物之外,他对其他东西就会毫无兴趣,他梦见的是食物,记忆的是食物,想的是食物。他只会对食物发生兴趣,只感觉到食物,也只需要食物。"

马斯洛将人的生理需要放在第一位是很正确的。在此意义上，我们人和动物没有什么差别。

如果我们是一个饿得要死的人，就不会有心思欣赏自然界花朵的美丽、春风的和煦，因为我们日思夜想的、梦见的只会是食物。

我国是一个饮食文化十分发达的国家，在中国的封建时代，封建礼教严密地控制了性欲这种本能欲望的张扬，但对食欲却网开一面，从没有含糊过。

比如孔子就对吃非常讲究，他曾经说，食物一定要精美，并对各种不吃的东西进行过细致的近乎苛刻的规定。吃在中国人心目中具有压倒一切的重要性。

在这种背景下，有许多学者认为，中国传统文化很强烈地打上了食欲这种生理需要的痕迹，并且几乎浸染到了物质和精神生活的各个领域。

食物对我们的身体健康有着相当大的影响，尤其对我们晚年的健康状况影响较大。营养良好的人能有效地延缓衰老，有些人60岁就很虚弱，行动不稳，容易疲劳，感觉迟钝；而有些人，年过八旬仍像年轻人一样。

因此，从某种意义上说，生命后期生理性或机能的衰老程度取决于我们的食欲和饮食状况。

有相当一部分人把主要精力放在事业上，对营养很不讲究，吃饱就算，或者忙于应酬，顿顿鸡鸭鱼肉、山珍海味，高脂肪、高蛋白质饮食。营养失衡会导致肥胖、高血脂、高血压、高血糖、高血尿酸以及肠癌、乳腺癌等。

有的人，特别是患有高血压、冠心病的人，读了一点医学科普文章，视胆固醇如虎，盲目地节制饮食，肉不吃、蛋不食、无鳞的鱼也不敢碰。

殊不知，过分强调降低胆固醇水平，更容易诱发疾病，对健康不利。

还有些人怕胖，片面地节制饮食，其实太瘦对人体的危害不比太胖少多少。

总之，我们对于自己的饮食要有一个科学的态度，要全面均衡地摄取营养，也就是说，样样都吃，不挑食、不偏食。

2. 认识性欲的重要性

我们人类最原始的欲望是吃的欲望和性欲。吃的欲望可以使我们在饥饿时主动寻找食物，避免饿死，从而维持个体的生存。而对于性的欲望有什么意义呢？

性欲既有生理上的意义，更有精神上的意义。因此，我们人的性欲有别于动物的性欲，人的性欲除了受生理因素的影响外，还要受到精神因素的影响。

性欲又叫性动机，是异性间互相接触的欲望以及在某种性刺激下所产生的性交欲望。它是人类在有意识或无意识的性活动中获得身心快感的一种欲望。

从本能的意义说，性欲是生理上的，但我们人的性欲的满足的条件与方式，却是与人的社会文化现实相关的，因而与动物有着本质区别。

性欲对于人类的繁衍生息有什么意义呢？显而易见。性欲可以驱使人们繁衍后代。

贴心小提示

吃是一件再平常不过的事了！可是，在吃的时候你有没有想过它也可以反映出你的身体状况呢？

1. 食欲旺盛且容易饥饿，身体日渐消瘦，伴有口渴、多饮、多尿，这很可能是患了糖尿病。

2. 近期内食欲旺盛，但体重下降，并伴有乏力、怕热、易出汗、易激动等症状。如果出现眼球饱满并稍微向外凸出，可能患有甲状腺功能亢进。

3. 进食大量油腻食物之后，出现食欲明显减退，并伴有腹胀、胸闷、阵发性腹痛等症状，则可能是消化不良造成的伤食。

安全感是健康生活的基础

在心理学的字典里，安全感是一种摆脱恐惧和焦虑之后的淡定感觉，是在满足一个人各种不同层次需要之后产生的自信和满足的感觉。

心理学家认为，安全感是心理健康的基础，有了安全感才能有自信，有自尊，才能与他人建立信任的人际关系，才能积极地发掘自身的潜力，从而更好地实现自身的价值。

1. 认识安全感的重要性

我们生活在社会上，难免会受到各种伤害。这里所说的伤害不仅包括感受疼痛的神经所受的实际刺激，同时也可以指对于自尊心、理想、尊严的打击。

我们面临伤害时，会体验到忧愁、担心、焦虑等种种消极情绪。

大家都知道，在一件可怕的事将要发生之时，去预期它的发生，比处在实际可怕的情况之下，更为痛苦；将要发生的事，比正在发生，或已经发生的事有更大的威胁力量。精神医学上称之为"不安全感"。

随着时间的推移和工作经验的增加，我们会越来越意识到安全感对于自己的重要性。

不安全感会使我们感到不舒服。我们都相信这个世界是安全的：我们预期太阳早上会出来；冬天来了，我们知道春天也将随之而至；踏上油门，料到汽车就会发动；如果事情发生的次序错了，或是我们认为它将会混乱，我们就会像婴儿突然失去支持一样害怕。

不安全感能使我们的行为产生很多变化，比如我们很久没有从床上掉下来过，当然也不怕今晚会掉下来。但是，假如把我们的床移到10层楼顶的边沿上，我们的不安全感就产生了，我们会采取措施，尽力去避免这种感觉。

由此可见，安全感对我们的心理健康是绝对重要的。我们应该对社会、对自然有可依赖感，对他人有可信任感，对自己有可接纳感，这样，我们的生活环境才会更和谐，我们的心灵才会更安全，我们才会更健康。

2．提高安全感的方法

安全感是我们正常、健康生活的基础，也是我们能够顺利完成任务、获得成功的基础。我们该如何提高自己的安全感呢？

（1）提高能力

有句老话："滚石不生苔，转行不发财。"这话说的是无论做什么都必须专心致志，不能这山望着那山高。

（2）提高延展度

我们都参与过拓展训练，其中有一个游戏很值得深思：培训师让你尽量把双腿并拢，然后找人摇晃你的身体，你会感觉到很容易就失去平衡；老师再叫你把双腿分开一定的距离，这时你会发现在别人摇晃时保持平衡变得容易得多。

这个游戏告诉我们，延展度决定了安全感。对于职场人来说，所谓的"延展"就是专业技能、学识、工作和社会经验等可以给你安全感的东西。

这两种方法所揭示的是同一个道理：安全感是自己给自己的，除了让自己更加强大之外，提高安全感并没有其他的捷径。

（3）让上司放心

如果上司交给你任务以后，还需要他再三提醒如何完成，或者督促你完成的时间，那么上司会因此对交给你的任务无法产生安全感，那你的安全感如何便可想而知。

因此，你要让上司随时知道你的行为，知道你的关注点，知道你对他交给任务的投入程度和进展程度。当上司要求不明确的时候，超额、超质量地完成任务，会让上司对你产生信赖感。上司有了安全感，下属自然会安全。

（4）大胆去做

把你最恐惧的事情仔细写在一张纸上，至少要写10条，而且尽可能详细，要到挖空心思也想不出来更多了为止！

找一个信任的人，或者一个很安全的地方，做你的恐惧保险箱。把这张纸叠好放到这个地方，确保没有其他人知道。

告诉自己：我担心的事情有可能发生，但是我要去做我自己的事情，所以我要先把我的恐惧安全地存在这里！等我做完以后，我会回来取走我的恐惧。

这个时候你会觉得心里舒服很多，然后大胆地去做吧！然后回到你的保险箱，看看有多少担心的事发生了，有多少没有。

贴心小提示

你有足够的安全感吗？你有驾驭情绪的能力吗？不妨通过下面的测试来感受一下自己的心理安全度吧！

首先请回答下面9个问题：

1. 你是否经常对世事不满？
2. 你是否感到生活对自己不公平？
3. 你是否容易受伤害？
4. 你是否缺乏自信、对自己不满意？
5. 你是否感到别人不尊重、不喜欢自己？
6. 你是否对未来有一定的恐惧感？
7. 你是否感到别人不可信任？
8. 你是否容易不安？
9. 你是否经常以为别人议论自己，并对他人的评价敏感？

如果上述问题你的答案基本上都是"否"，那么恭喜你，你是一位安全感很强的人，有很高的心理稳定性；如果你的答案以"是"居多，那么必须提醒你，你很可能是一位缺乏安全感的人，要多加注意了！

情感需求是心灵的美好会意

在生活中，只要是对这个世界还有感觉的人就一定会有情感需求，并懂得情感需求才是生命的本质。

我们每一个人都希望得到关心和照顾，感情上的需要比生理上的需要来得更细致，它和我们的生理特性、经历、教育、信仰都有关系。

我们情感上的需求动机主要指友情、爱情等方面。可以说，情感需求是心灵的美好会意。

1. 了解友情的重要性

友情是诚挚的，不论时间多长，不论地方多远，心总是在一起的，一辈子不改变。

友谊是我们人生当中珍贵的财产，在成长的道路上我们会交到各种朋友，从互不相识到一起谈天说地。

朋友让我们的生活变得更加充实，让我们感到幸福，因为朋友生活会变得更加美好，而不幸也会在朋友的帮助下渐渐远离我们。

朋友是一种相遇。大千世界，红尘滚滚，于芸芸众生、茫茫人海中朋友能够彼此遇到，能够走到一起，彼此相互认识，相互了解，相互走近，实在是缘分。

在人来人往、聚散分离的人生旅途中，在各自不同的生命轨迹上，在不同经历的心海中，能够彼此相遇、相聚、相逢，可以说是一种幸运。缘分不是时刻都会有的，应该珍惜。

朋友是一种相知。朋友相处是相互认可、相互仰慕、相互欣赏、相互感知的过程。对方的优点、长处都会印在你的脑海里。

朋友就是一种心灵的感应，是一种心照不宣的感悟。你的举手投足，一颦一笑，一言一行，哪怕是一个眼神、一个动作、一个背影、一个回眸，朋友都会心领神会。

不需要解释，不需要多言，都会心心相印的。那是一种最温柔、最惬意，最畅快、最美好的意境。

朋友是一种相伴。朋友就是漫漫人生路上的彼此相扶、相伴，是你烦闷时送上的绵绵心语或大吼大叫，寂寞时的欢歌笑语或款款情意，快乐时的如痴如醉或痛快淋漓，得意时善意的一盆凉水。在倾诉和聆听中感知朋友深情，在交流和接触中不断握手和感激。

朋友是一种相助。风雨人生路，朋友可以为你挡风寒，为你分忧愁，为你解除痛苦和困难。朋友时时会伸出友谊之手，是你登高时的一把扶梯，是你受伤时的一剂良药，是你饥渴时的一碗白水，是你过河时的一叶扁舟，是金钱买不来，命令得不到的。

朋友是一种相思。朋友是彼此牵挂，彼此思念，彼此关心，彼此依靠。思念就像是一条不尽的河流，像一片温柔的云，像一朵幽香的花，像一曲悠扬的洞箫。

朋友就像夜空里的星星和月亮，彼此光照，彼此鼓励。朋友不必虚意逢迎，点点头就会意了。有时候遥相呼应，不亦乐乎！

总之，友情是一种纯洁、高尚、朴素、平凡的感情，也是浪漫、动人、坚实、永恒的情感。

我们都离不开友情。你可以没有爱情，但是你绝不能没有友情。一旦没有了友情，生活就不会有悦耳的和音，就如同死水一潭。友情无处不在，伴随你左右，围绕在你身边，和你共度一生。

2．认识爱情的重要性

爱情是我们人性的组成部分，在爱的情感基础上，爱情在不同的文化中也发展出不同的特征。

爱是生命的渴望，情是青春的畅想。爱情的意义在于：让智慧和勤劳酿造生活的芳香，用期待演绎生命的乐章，用真诚和理解、包容和信任谱写人生的信仰。

爱情是一种情感依赖，爱的文化进程就是博弈，它的结果是情，爱与情是一个像物又像魂的物势影像，定义为爱情，通常是指人们在恋爱阶段所表现出来的特殊感情。

爱情也是人与人之间吸引的最强烈形式，是指心理成熟到一定程度的个体对异性个体产生有高级情感。

爱情是男女间基于一定的社会基础和共同的生活理想，在各自内心形成的倾慕，渴求发展亲密关系并渴望对方成为自己终身伴侣的一种强烈的纯真专一的感情。

爱情是一种相互依偎，是付出而不是一种单向索取。男女之间相互爱恋的感情，是至高至纯至美的美感和情感体验。好的爱情是双方以自由为最高赠礼的洒脱，以及绝不滥用这一份自由的珍惜。

贴心小提示

你能与朋友们相处得很融洽吗？现在让我们一起做个小测试吧！

如果今天是你的生日，你兴致勃勃地请一些同学或同事来参加你精心准备的生日宴会。新朋旧友齐聚一堂，其中有一个人居然穿着一身"乞丐服"出场，你觉得浑身不自在。请问你将如何处理这件事？

1. 直接对他说："你不觉得你破坏了今天的气氛吗？"
2. 在他背后贴个标语整整他。
3. 调侃着说："不错嘛！这身打扮很适合你。"
4. 一句话都不说，一笑而过。
5. 间接地提醒他，并说出自己的感受。

选择1：你的个性十分直爽，做事从不拖泥带水。这种性格最显著的缺点就是不给自己和别人留后路，容易得罪人。

选择2：你的方式总是很特别，而且你容易和周围的人打成一片。不过要注意场合和分寸，方式不能太过激。

选择3：你总是喜欢故作神秘，也颇有人缘。但注意，讽刺很容易伤人。

选择4：你总是不肯表达对别人的看法，不善于处理人际关系。

选择5：你始终不能和人以不拘小节的方式进行沟通，即使是再亲密的朋友，总给人一种刻意的感觉，不够自然，不够真实，会让人产生疏离感。

尊重能体现一个人内在的修养

人的内心里都渴望得到他人的尊重，但只有尊重他人才能赢得他人的尊重。尊重他人是一种高尚的美德，是个人内在修养的外在表现。

尊重的需求动机是指我们都希望自己有稳定的社会地位，要求个人的能力和成就得到社会的承认。

尊重的需要得到满足，能使我们对自己充满信心，对生活、工作等充满热情，并能体验到快乐和自己的价值。

1. 认识自尊的重要性

在日常人际交往中，我们都会把自尊看得很重要。确实，自尊是一种主观感觉，是一种觉得自己是重要的、有价值的自我心理体验。

自尊属于自我情感，是我们对一般自我或特定自我积极或消极的评价，也是我们对自我行为的价值与能力被他人与社会承认或认可的一种主观需要，是人对自己尊严和价值的追求。

这种需要与追求如能得到满足，我们就会产生自信心，觉得自己有价值，否则就会使我们产生自卑感。

心理学一直很关注对自尊的研究，因为自尊是一个人身心健康的重要因素。认识自尊对于避免焦虑有着重要意义。

自尊的心理品质是后天培养的，我们的儿童期是培养自尊心理的重要时期。

曾经有人做过整整500次实验，来探究我们的自我感和自尊的形成规律及其功能。最终得出的结论是：他人的期待，往往会导致相应对象变成期待的状态。

我们在儿童期，如果家长和老师用充满期待的、尊重的态度来对待自己，就有助于我们培养自尊。如果我们有了较高的自尊水平，以后就较容易表现出自觉、勤奋和认真的特质。

自尊既表现为自我尊重和自我爱护，也包含期待他人、集体和社会对自己的重视。在文明社会，一个人的自尊心理必须要依靠自己的努力来维持，依靠自身的能力来支持。

大量的实证研究证实，自尊与我们心理健康的关系极为密切。自尊乃是我们心理健康的核心，是心理幸福的根源。

这个核心的状态如何直接关系着心理健康的状况：高自尊由于良好的社会适应而衍生出心理健康的各种表现，包括健康的认知、健康的行为以及健康的心态；低自尊由于对社会的适应不良则导致了不健康的心理状态及其行为表现。

保持或恢复自尊的方法其实很简单，我们只要回避一下原来导致焦虑的事物，转而投入有意义、有爱、有建设性的事情中去就行了。

假如这已经是客观现实的话，我们就该承认自己的变化，承认自己的局限。用转移并替代的方式重新让自己的生命充实起来，自尊和自信就有可能获得新的平衡。

2. 懂得尊重他人的重要性

尊重指敬重、重视。我们的内心里都渴望得到他人的尊重，但只有尊重他人才能赢得他人的尊重。

尊重他人是一种高尚的美德，是个人内在修养的外在表现。为明星运动员呐喊与喝彩是尊重，给普通运动员以鼓励和掌声同样是尊重。

在生活中，对各级领导的崇敬是尊重，对同事、对下级、对普通的平民百姓以诚相待、友好合作，倾听他们的声音，同样是尊重。

当他人功成名就时给以赞扬是尊重，对情趣相投的人真诚相待是尊重，对性格不合的人心存宽容同样也是尊重。

尊重他人是一种文明的社交方式，是顺利开展工作、建立良好社交关系的基石。

对家人的尊重，有利于和睦相处，形成融洽的家庭氛围；对朋友的尊重，有利于广交益友，促使友谊长存。

总之，尊重他人，生活就会多一份和谐，多一份快乐。

现实生活中，有的人常常有意无意做出不尊重他人的行为。比如说，我们往往认为朋友关系密切，就不给对方留下足够的心理活动空间，与人交谈时，只顾自己侃侃而谈，不给对方说话的机会；在听别人倾吐心事时，东张西望，左顾右盼，心不在焉；对诚恳批评自己的人耿耿于怀，做出不文明、不符合身份的举动，让对方感到难堪等。这些都是不尊重他人的表现。

尊老爱幼是我国的传统美德，老人是我们的长辈，没有他们的辛勤劳动，就没有我们幸福的今天；没有他们的精心培育，就没有我们的健康成长，老人为社会做出过贡献，值得我们尊重和爱戴。

父母为我们遮风挡雨，为我们劈波斩浪，为我们扫除前进的障碍。我们应报答父母，这种报答最起码的方式就是尊重。

生活因友谊而精彩，真正的友谊里含有尊重。有人认为，自己和对方已是多年的朋友了，还存在什么尊重呢？可是，如果你不顾及朋友的感受，说了不该说的笑话，那么，多年的友谊就可能破裂，甚至失去朋友。一份尊重，一份友谊，让我们为友谊学会尊重吧！

人有地位高低之分，但无人格贵贱之别。不论是伟大的科学家，还是普通的清洁工，只要是劳动者，都值得我们尊重。

生命是永恒的，生命是短暂的。尊重生命就要关爱生命，让有限的生命焕发无限的光彩。

我们应该学会尊重自己，不要瞧不起自己，有自信，是对自己最好的尊重。要趁着年轻，学好本领，这是对岁月的最好尊重。

尊重是一朵花，一朵开在心间的花；尊重是一条路，一条通往美好的路；尊重是一团火，一团温暖你我的火。

尊重是一缕春风，一泓清泉，一颗给人温暖的舒心丸，一剂催人奋进的强心针。它常常与真诚、谦逊、宽容、赞赏、善良、友爱为伴。给成功的人以尊重，表明自己对别人成功的敬佩、赞美；给失败的人以尊重，表明自己对别人失败后的东山再起充满信心。

尊重是一种修养，一种品格，一种对人不卑不亢、不俯不仰的平等相待，对他人人格与价值的充分肯定。

任何人都不可能尽善尽美、完美无缺，我们没有必要以高山仰止的目光去审视别人，也没有资格用不屑一顾的神情去嘲笑他人。

假如别人某些方面不如自己，我们不要用傲慢和不敬的话去伤害别人；假如自己某些方面不如别人，我们也不必以自卑或嫉妒去代替应有的尊重。一个真心懂得尊重别人的人，一定能赢得别人的尊重。

贴心小提示

尊重是一种智慧。生活中，我们都想得到尊重，不过我们首先得学会尊重他人。

首先要在态度上尊重别人。比如他人说话时，我们要注意倾听。

其次要从礼仪上尊重别人。如果我们蓬头垢面，不仅有损自己的形象，也是对别人的不尊重；与长辈交谈时，勿跷"二郎腿"。

守时也是一种尊重。和朋友约好聚会，就应当准时赴约。

尊重别人还要注意场合。别人办喜事，别说不吉利的话；人家办丧事，就不要兴高采烈。

只有在心理上有尊重别人的想法，才可能做出尊重别人的行动。所以，我们必须牢记："每个人在人格上都是平等的。"不能因自己家境好、成绩好就轻视他人。

尊重他人还要学会见什么人说什么话，也就是要了解对方的年龄、身份、语言习惯等。

假如对方是年长者，在称呼上要礼貌，在语气上要委婉，在语速上要舒缓。

打招呼时我们不要"喂、喂"地叫个不停，交谈时不要谈对方不愿讲的话题，不揭对方的伤疤。

如果我们能够做到这些，相信自己也就能得到别人的尊重了！

求知欲是人生发展的重要基石

求知欲是我们对知识的渴望，当我们接触到新事物或新技能时，往往会表现出强烈的兴趣。

求知欲加上完美的注意力，会让我们拥有强大的学习动力，它是人生发展的重要基石。

1. 认识求知欲的重要性

求知欲是指我们探求知识的强烈渴望，我们在生活、学习和工作中面临问题或任务，感到自己缺乏相应的知识时，就产生了探究新知识或扩大、加深已有知识的认识倾向。这种情境多次反复，认识倾向就逐渐转化为个体内在的强烈的认知欲求，这就是求知欲。

求知欲是我们每个人学习时不可缺少的因素，它可以激励我们不断地努力追求，直至得到满意的答案为止。没有求知欲作为牵引和动力，任何学习都是被动和无意义的。

求知欲强的人会自觉地、积极地追求知识，热情地探索知识，以满足自己精神上的需要。

当我们怀着追求某个问题答案的强烈好奇心和求知欲而去学习时，我们获得的每一点知识都会让自己感到快乐和满足，从而更加乐于追求越来越多的知识。因此，可以这样说，好奇心和求知欲是我们主动学习的两大法宝。

我们的求知欲是通过内因与外因相互作用形成的。由外因所导致的求知欲叫作外在求知欲，外在求知欲在我们的学习过程中的作用呈不稳定的状态。

我们在形成内在求知欲之前，随着知识的增加、社会接触面的扩大，外在求知欲的鞭策作用将由强变弱，如果在此过程中过分强调外在求知欲的作用，反而会使我们厌学，外在和内在的两者相互作用，才能起到作用。

因此外在求知欲不是最终的目的，而应该是通过外在求知欲的诱发，最终让自己形成稳定的内在求知欲。

所谓内在求知欲，就是我们有意识或者潜意识地运用已学过的知识进行推理、接受新知识，有意识或者潜意识运用知识进行学习，在此过程中找到动脑的感觉和自己智慧的存在，从而强化了能力的培养、意识的形成，心理感受到付出和回报之间的平衡，感受到知识的作用，领悟到学习的真谛，从而发自内心地想拥有更多知识的欲望。

我们五六岁时，初步的求知欲开始出现。随着年龄的增长，我们在生活、学习中，特别是在入学后系统地学习知识的进程中，求知欲得到了进一步的发展。

但我们的求知欲也并非随年龄的增长而自然提高，它需要有适宜的环境和正确的引导与培养。

经验证明，教师表现出来的强烈的求知欲，会对学生产生潜移默化的影响，有助于学生求知欲的发展。此外，通过其他途径和措施培养学生正确的学习动机也有助于求知欲的激发和培养。

作为内在精神需要的求知欲一经形成，就成为构成学习动机的一个重要心理因素，从这一点说，求知欲有利于促进学生对学习过程本身发生兴趣，从而提高学习的效果。

但是，只靠求知欲还不能保证取得最良好的学习成绩。如果我们仅仅对特定的知识有特别强的求知欲，则不一定有利于知识的全面掌握。

对有不同程度求知欲的学生采取哪种类型的教学，效果也不一样。对求知欲高的学生来说，学生控制型的教学效果高于教师控制型的教学效果，对求知欲低的学生来说结果则相反。因此教师采取的教学方法与措施对培养和发展学生的求知欲有着密切关系。

现在我们的许多孩子只是为了考试而学习，为了父母的要求而学习，而不是在好奇心的驱使下为了追求知识而去学习。读书在我们眼里变成了一种机械的工作，我们没有好奇心，缺乏求知欲，只希望把知识记住，却没能从学习中体会到半点乐趣。

求知欲和好奇心是我们最为宝贵的财富，没有求知欲的驱使，我们学到的只是死知识，我们把各种条条框框装进大脑里，不会学以致用。这样学习到的知识，也是最容易被遗忘的。

2. 影响求知欲的主要因素

求知欲作为一种本能，其表现年龄、持续时间、强度和效果等不仅和儿童的先天遗传素质有关，还和环境及家长的教养方式有很大的关系。具体来说，影响求知欲的因素有哪些呢？

（1）遗传因素

从遗传上来说，不同的孩子在不同的阶段，求知欲的强弱和表现形式都是不一样的。

早慧的儿童可能在很年幼的时候就表现出同龄孩子所没有的求知欲望，比如我国古代的曹冲、方仲永，外国的莫扎特、维纳、高斯等，而晚熟的人可能到中年甚至晚年才会表现出异于常人的知识渴求。

（2）环境因素

我们出生时，遗传基因已经确定，但神经系统发育还不完善。分娩后，我们大脑神经元的突触之间的连接就由遗传和环境共同决定。遗传基因决定了大脑结构的组织信息，但是成长的经历与环境决定了哪些基因得到表达，如何表达与何时表达。

遗传和环境对于求知欲同样重要，遗传决定了脑皮层神经细胞的数量，而环境决定了这些细胞之间的连接。求知欲作为一种先天的潜在本能，其后天能否得到强化和最大化的发展，和环境有着密切的关系。有利于求知欲发展的环境，对孩子的生理和心理也会起到积极的促进作用。

（3）教养方式

大家普遍认为成绩好和因此获得的较高社会地位才是成功的标志，因此，学习过程本身并不重要，重要的是结果。

而在西方文化环境下，大家更重视在学习或工作过程中的快乐体验、成就体验，认为在自发求知欲驱动下的学习才是有意义的。

求知欲属于内在动机，指我们内在的学习动力，我们由此获得的满足感，会使我们把学习本身等同于奖励。

而外在动机是指学习者希望通过学习去获取学习以外的目标或利益。比如马戏团的小狗，学习钻火圈、算数学、跳障碍，并不是因为它们觉得这些活动很有趣，而是为了获得食物奖励或者避免挨打，换句话说，它们学习的动力不是求知欲的内在推动，而是由奖惩这样的外部因素引发的。

实际上，在学习中，内外动机并非孤立的，而是可能并存的，有些人外在动机多些，有些则刚好相反，而且两种动机之间也可能互相转化。

总之，影响我们求知欲的因素有很多，只有对这些因素进行科学的认识，才能更好地迈向成功。

贴心小提示

在家庭教育中，如何对待孩子的求知欲和好奇心是一个非常重要的问题。你是怎么对待这个问题的呢？下面介绍一些有效引导孩子的方法。

1. 引导孩子多观察

激发孩子的好奇心，其实很简单，引导孩子多观察身边的现象就是一种很好的方法。事实上如果父母能够有意识地引导孩子观察身边的人和事，引发他们思考生活中的各种现象，自然就能激起孩子的好奇心，让他们产生强烈的求知欲。

2. 鼓励孩子提出问题

有问题是孩子好奇心的重要表现。作为父母，应该鼓励孩子提出问题，这是尊重孩子的一种表现，更是激发和保护孩子好奇心的一种方法。

3. 认真对待孩子的提问

对于孩子的每个问题，父母都应该认真地对待。如果父母不认真对待孩子的问题，不仅会让孩子丧失好奇心，更有可能失去一个传授给孩子知识的大好时机。

4. 培养孩子的探索精神

父母应该培养孩子的探索精神，经常鼓励他们接触那些在学校不常接触的知识，并引导他们进行深入细致的思考和探索。

5. 指导孩子学以致用

知识来源于生活，也可以用于生活。孩子在学校学习到的知识之所以变成了"死知识"，其根本原因就在于他们认为知识没有用处。父母指导孩子将知识用在生活当中，可以在一定程度上激发孩子的求知欲。

总之，好奇心和求知欲是追求知识不可缺少的动力。如果没有好奇心和求知欲的驱使，任何学习都只是无意义的机械运动。

正确看待审美的心理需求

审美心理是指人在审美实践中面对审美对象以审美态度感知对象，从而在审美体验中获得情感愉悦和精神快乐的自由心情。

这种心理体验是人的内在心理生活与审美对象之间交流或相互作用后的结果。

1. 了解审美需求的重要性

我们人类之所以需要审美，是因为世界上存在着许多的东西，需要我们去取舍，找到适合我们需要的那部分，即美的事物。

动物只是本能地适应这个世界，我们则可以通过自己发现世界上存在的许多美的东西，丰富自己的物质生活和精神生活，以达到愉悦自己的目的。

我们之所以审美，除了愉悦自己的目的之外，在很大程度上也是为了完善自己。通过一代代人对周遭世界的评判，不断进化，形成了更为完善的对事物的看法，剔除人性中一切丑陋的东西，发扬真、善、美。

在当今社会中，我们需要通过对美好事物的欣赏，尤其是对人性中存在的友情、亲情、爱情的审美，不断为我们提供心灵的慰藉，满足我们的心灵需求。

将人生的痛苦当作一种审美现象来看，同时也就意味着是一种从艺术的视野而不是从道德评价的视野来观察和感悟生命的审美的人生态度。

如果我们能够换一个角度来审视人生的挫折和痛苦，将这些人生历练作为一种难得的财富加以咀嚼和收藏，则能够从人生的风浪中变得成熟，这样的人生才算真正的有意义，能够真正做到这些的人才算真的活过。

2. 认识审美的心理机制

当你阅读一部文学作品到动情的时候，或者怦然心动，或者潸然泪下。我们都有过这样的审美感受。当你欣赏一幅艺术名画，比如说描绘大自然背景的油画，这个时候你可能瞬间感到物我合一，感到你与大自然的一种契合。这是什么原因呢？这是艺术审美的心理机制在起作用。

我们人的心理活动不是单一的，是相当复杂的。由于我们大脑各种功能的整体发挥，感知、理解、想象、联想、情感等活动此起彼伏、相互联系、彼此促进，就形成了人的审美心理机制。

第一，审美过程当中的感受和理解。我们人类的一切认知活动，都离不开对客观事物的反应。但是，我们人在认知不同对象的时候，所经历的心理过程并不是完全一样的。

从心理学的意义上来说，人的感觉器官，如果不受到一定程度的刺激，就不可能感知任何事物。这个刺激是的确存在的。

审美活动也不例外，艺术作品或者其他一个美的事物，它之所以能成为审美的对象，被感知，就是因为这个作品给了审美主体的感觉器官，给了它一个美的形象刺激，所以才能够带来不同感官、不同程度的生理上的快感和精神、情感上的愉悦。

第二，审美主题要运用自己本来就有的生活经验和知识，把它参加到审美对象当中去，和它的内容联系起来，从而获得对对象的深刻理解。

第三，审美过程中的联想和想象。审美过程中，由于我们面对的是很富有吸引力的、启发性的一种美的形象，所以，会自然地唤起对事物的种种联想和想象。

这些联想和想象是在对审美对象有所感受、有所理解的基础上产生的。它们反过来又会加深感受和理解。

在审美的过程当中、联想和想象当中，有一个较为特殊的问题需要专门论述，就是我们欣赏语言艺术，是要通过再造想象的。想象包括创造想象、再造想象、自由想象。

什么叫再造想象呢？再造想象就是根据语言的描述或非语言的描绘（图样、图解、符号记录等）在头脑中形成有关事物的形象的想象。譬如一个建筑师拿到一个建筑设计图，想象未来的高楼大厦是什么样的，这就叫再造想象。

语言艺术的审美必须要通过再造想象。有的人看书囫囵吞枣，根本没有把握住再造条件是什么，脑子里也没有出现有关的人物。

特别是读中国的诗词曲赋，这些语言艺术作品，有更大的特殊性，因为其有很多典故。如果你的文化素养够高，你看这个典故不但有形象感，而且还能够联想想象。

特别是唐代以后用的典故，都是意向化的，典故本身就构成形象。

第四，审美过程中的情感活动。情感活动是审美心理中极为重要的组成部分。

因为任何审美过程，如果不能动人以情，那就不能使人产生美感，或者至少这个美感是不深刻的。你对客观事物产生了态度，态度变为生理感觉，生理感觉又被你体验出来，这就叫情感。

在美感引起的情感活动当中，有两种基本的情感，就是"惊"和"喜"。"喜"就是审美愉悦、赏心悦目，是一种快感。"惊"是对艺术作品的惊异之感、敬佩之情，它在意识的深层，你往往无所觉察。但是，它是审美评估里很重要的因素，因为艺术美属于多种因素的和谐结合，其中最重要的因素就是一个创造力量的外化，人的本质力量是人所特有的。

美源于生活，源于对事物的审美感知，源于人心灵深处的体验和无限创造力。美无处不在，只要我们有善于发现美的眼睛和善于感知美的心理。

贴心小提示

你的审美能力怎么样呢？现在让我们一起来做个有趣的测试，看看你的审美能力如何吧！

1. 李磊高1.63米，重91千克，怎么说他都是很肥胖的。你认为他该穿什么样花纹的套装呢？

a. 大方格。b. 暗细条子。c. 间隔适当的粗竖条子。

2. 再为他选一套最适宜的服装。

a. 宽松，随便的。b. 不宽也不紧。c. 贴身。

3. 在一间古色古香的房间里，再置一套新式椅子和沙发，能算得体吗？

a. 是。b. 否。

4. 假设你有一间长方形的房间，充满各种色彩，还挂有几幅大花窗帘。你会用一块也有大花的彩色地毯与之相配，还是会选一块既无色彩又不起眼的地毯？

a. 彩色的。b. 无色彩。

5. 画家的真正使命并不仅仅是作画，而是把握照向大自然的镜子，也就是说，尽力忠实地再现特定物体。

a. 是。b. 否。

6. 在穿着方面，人们应该迅速接受最新款式的时装，假如它们货真价实的话。

a. 是。b. 否。

7. 按照某一优秀古典建筑代表作的式样建造起来的一幢建筑

物，将永远是风雅的。

a. 是。b. 否。

8. 在小房间里布置大家具，会使房间显得大些。

a. 是。b. 否。

9. 矮个妇女穿齐腰短上衣，要比高个妇女穿齐腰短上衣好看。

a. 是。b. 否。c. 是的，假如是件灰鼠皮短上衣。

10. 一般来说，要使悬挂着的大小形状不同的图画显得好看些，只有当

a. 它们的镜框顶端连成一线时。

b. 它们的镜框底边连成一线时。

答案：1. b、2. b、3. a、4. b、5. b、6. b、7. b、8. b、9. b、10. a。

你是不是大部分都答对了，如果你大部分都能答对，说明你的审美能力还是不错的。如果很少答对，那就要努力提高自己的审美能力了！

自我实现是一种积极的追求

所谓自我实现，简单地说，就是一个人通过自身努力而达到一定的目标。自我实现需要挖掘自身的潜力，并充分发挥自己的才能，可以说，它是一种积极的追求精神。

自我实现并不是空中楼阁，它是茫茫大海中指引我们航向的灯塔，它是精神恍惚时启迪我们的智慧的灵光。任何时候，都不应放弃对自我实现的追求，只有这样，我们才能不断地拥抱成功。

1. 了解自我实现的重要性

自我实现是最高层次的需要，它是指我们实现个人理想、抱负，发挥个人能力到最大程度，达到自我实现境界的人，接受自己也接受他人，解决问题能力强，自觉性高，善于独立处事。

为满足自我实现需要所采取的途径是因人而异的。自我实现的需要是在努力实现自己的潜力，使自己越来越成为自己所期望的人。

我们任何人都期望拥有人生的辉煌，其实，自然界的生物都在追求自身价值的实现。

春天里，百花竞放；秋天里，硕果累累。植物在成长的特定阶段所表现出来的生机和活力也是一种实现，但作为自然界中的智者，我们人类显然有更多表现自己的机会。

我们从离开母体后便开始自强自立的奋斗历程，从不能支配自己的行动到灵活地使用四肢，从完全没有语言到熟练地使用人类语言，从意识的混沌状态到对自己的清晰认识。这一系列的过程显示了我们人类个体在追求自身充分发展时所表现出来的巨大潜能。

人是万物之灵，在我们的成长过程中，我们之所以能使自身的一些优秀品质得到充分的发挥，并在日常生活中表现出这些优秀的品质，是因为自我实现是人本质具有的最高需要。也可以这样说，我们存在于现实生活的意义就在于追求自我实现。

纯粹意义上的自我实现对于每一个人来说都是不可能的，这正如人们对智慧的追求，每个人都希望自己能领会各种知识，而这显然是不可能的，但这并不妨碍我们对于知识的兴趣，我们仍利用多种手段尽可能多地获取各种知识技能。

对于自我实现的追求也是这样，虽然完全的自我实现对于我们来说是不现实的，但我们仍应向这个目标努力，因为越接近这一目标，我们的人生便越有意义，我们自身的潜能也就越能得以发挥。

2. 认识自我实现者的特质

自我实现者运作的功能层次，与我们一般人或正常者的运作层次完全不同。

自我实现者很容易满足自己所有的需要，但他们特别关心较高层次的需要。具体来说，自我实现者有哪些特质呢？

（1）适应环境

自我实现者具有透视虚伪、表面或掩饰事物的能力。无论对艺术、音乐、科学、政治或社会事务，他们的认知都比较清楚与准确，因而提高了解决问题的能力。

他们较少受到自己的希求、愿望、恐惧、焦虑、偏见的影响，因而能透视事实的真相。

他们非但能忍受暧昧不定的情形，而且喜欢它们。他们接受现实，而不反对它们。当我们与人生必然的经历和谐相处时，我们才能真正更有效地控制展现在我们前面的事物。

（2）宽容大度

对于自己与他人不可避免的优点与缺点，自我实现者能视为理所当然而不抱怨。

改变他人以符合自己的愿望，常会破坏与他人的社会关系，因此，我们自我实现者尊重每一个人实现自我的权利。

即使晓得自己有某些缺点，自我实现的人仍然会接受他基本的自我。我们不会因未符合文化所界定的理想的美、地位、声誉和其他等，就产生莫须有的罪恶感和羞耻感，因而也不会受到这些感觉的折磨。

自我实现者不矫揉造作，他们接受随成长而发生的生理变化，且不会念念不忘往日的欢乐与做事的模式。

（3）率真自然

要实现内心的自由，行为也要率真自然。相反的特性则是处处防卫，不敢自我流露，并且经常惧怕他人的批评。我们自我实现者与人交往时不矫揉造作，也较易超脱习俗或惯例的影响，从而表现纯真的天性。

（4）有使命感

自我实现者比较能心平气和地处理问题。他们把自己的问题视为与其他问题一样。解决问题的活动使他们特别高兴，因而也使他们热心对待自己的职业。

（5）喜欢独处

许多人发现独处是一项很不愉快的经验，但自我实现者喜欢享受自己的经验，并且追寻独处的时刻。

（6）独立自主

自我实现者较不受环境的影响，而且不是我们无法控制的环境变迁下的牺牲者。

他们即使面临许多挫折、打击也能保持比较快乐且宁静的心境。他们能自给自足，并依赖自己的潜能和资源来成长并发展，不需要他人的好评来支持自己。

（7）善于发现

对于同一事物，我们能够一再欣赏而不觉厌烦，好像每次都可看出一点儿新的东西，都会有一些新的感受。在日常生活中，一般人熟视无睹的生活细节，也会使我们感到愉快、惊奇、敬畏，甚至心醉神迷。

对我们自我实现者而言，任何一次日落都如第一次那么壮丽，任何一朵花都具有令人屏息观赏的可爱性，即使我们已见过一百万次花朵，我们见到的第一千个婴孩儿，就像我们初次看到的婴儿一样是奥妙的杰作。

我们自我实现者与一般人不同，不会把生命的种种奥秘视为理所当然；而且，我们也能够从自己已拥有的、过去的成就中吸取灵感。我们不会不眠不休地寻求更新奇的事物和刺激。

（8）高峰体验

许多自我实现者，曾经经历过很强烈的个人体验，诸如观察一个小孩儿嬉戏或欣赏音乐等，都能完全吸引他们的注意力，且产生高度的愉快状态。自我实现者所描述的欢乐类型，异于一般人所谓的欢乐，这就是所谓的高峰体验。

这种欢乐不会因为反复发生而削减，可以用惊奇、敬畏、心醉神迷、崇敬、灵感、赞叹和其他措辞来描述它。

高峰体验的另外一些例子是爱的感受，四海之内皆兄弟、美、灵感等的感觉，以及徜徉于自然界的体验等。

（9）恒久友情

自我实现者把友谊看得很重且诚心培养它。虽然我们热爱和关怀的对象只有少数几个，但我们几乎对每一个人都友善、慈悲、喜爱。

（10）头脑清醒

自我实现者很清楚自己所要追求的目标，而且知道先要完成什么才能达到目标。

大体而言，他们追求的目标较为固定，当遭到挫折时，也会灵活变通。

不过他们手段的变更却是以不违反个人的道德与他人的福利为原则。同时，对于很多经验和活动，常人只视为不得不用的手段，而他们却能予以欣赏与享受。即使在做例行性的工作时，他们也会设法变换，以自得其乐。

（11）有幽默感

自我实现者能在有意义的生活事件上找到幽默的题材，譬如事实与自己所预期的不符合时。他们对自己的缺点和独特性也会自我解嘲，例如，他们重阅一篇很早以前的报告，或许会发现该报告语气狂妄自大，从而觉得自己很滑稽。

（12）有创造性

自我实现者比较具有创造性，并不是他们具有伟大的才华，而是他们的心灵像小孩子那样纯真自然，对任何事情或游戏，都会因为想出一套新奇方法而兴奋不已。我们大多数人似乎已经丧失了纯真小孩的新奇眼光。

（13）兼容能力

自我实现者的行为中，表现出兼容对立的特性。他们既老成持重又童心未泯，既重视智能又感情洋溢，既纯真坦率又自我克制，既态度严谨又幽默风趣。

贴心小提示

你自我实现的心理够强吗？现在让我们来一起做个小测试吧！看看你的自我实现能力有多强。

以下题目，分别有4个不同的选项：不同意、比较不同意、比较同意、同意。现在我们开始做题。

1. 我不为自己的情绪特征感到丢脸。
2. 我觉得我必须做别人期望我做的事情。
3. 我相信人的本质是善良的、可信赖的。
4. 我觉得我可以对我所爱的人发脾气。
5. 别人应赞赏我做的事情。

6. 我不能接受自己的弱点。

7. 我能够赞许、喜欢他人。

8. 我害怕失败。

9. 我不愿意分析那些复杂问题并把它们简化。

10. 做自己想做的比随波逐流好。

11. 在生活中,我没有明确的要为之献身的目标。

12. 我恣意表达我的情绪,不管后果怎样。

13. 我没有帮助别人的责任。

14. 我总是害怕自己不够完美。

15. 我被别人爱是因为我对别人付出了爱。

现在开始计算我们的分数,1、3、4、7、10、12、15题,不同意计1分,比较不同意计2分,比较同意计3分,同意计4分。

2、5、6、8、9、11、13、14题,不同意计4分,比较不同意计3分,比较同意计2分,同意计1分。

然后把15道题的分数相加,如果总分在45分以上,说明你的自我实现能力较强,分数越高,自我实现的可能性越大。

第二章　理想与目标的心理定位

理想是人生谈不完、道不尽的话题，是一个熠熠闪光的字眼，一个充满激情的名词。理想既不同于幻想，也不同于空想和妄想。

俄国的文学家列夫·托尔斯泰说过："理想是指路明灯。没有理想，就没有坚定的方向；没有方向，就没有生活。"理想作为一种思想意识，是一个人世界观、人生观的集中表现。

人生的目标是多种多样、千差万别的。那些异想天开者，企图将所有人的理想整齐划一，以显示万众一心，显然是极其荒唐、可悲又可笑的。

理想是照亮人生前程的明灯

人生理想是指我们对美好未来的向往和追求，它是人生观的集中体现和核心内容。

理想是航灯，指引船舶航行的方向；理想是曙光，照亮夜行者的路；理想是沙漠中的一眼甘泉，让干渴的行者看到生的希望。理想是一把利剑，帮你扫清障碍；理想是一盏明灯，给你照亮前程。

1. 认识人生理想的意义

生活在世界上的每一个人，都有自己的人生理想。有什么样的理想，就有什么样的人生。不同的理想抱负，决定着不同的人生轨迹。那么理想对人生究竟有什么意义呢？

（1）指路明灯

如果把我们的人生比作在茫茫大海中航行，那么，理想就是指引前进的灯塔，照亮人生的火炬。历史上，许多杰出的人物之所以伟大，之所以为人们所敬仰，就是因为他们有着崇高的理想。

现实生活中，有的人在"我从哪里来、到哪里去"的感叹中茫茫不知所然。像这样没有理想追求的人生，或是只为一己私利忙忙碌碌，或是在社会潮流中随波逐流，或是在"今朝有酒今朝醉"中消磨时光，终将一事无成。

（2）前进的动力

我们的人生道路不可能万事如意、一帆风顺。如果没有崇高的理想，面对困难和风浪，就可能丧失前进的勇气，失去对事业的信心。

我们生活中常有这样的情况：做同样的工作，有的人坚韧不拔，不折不挠，最终创造出成绩来；有的人一遇挫折便唉声叹气，怨天尤人，打退堂鼓。究其原因，不仅在于意志上的差异，更重要的是有没有崇高的理想。

事实证明，伟大的目标必然激发起忘我的献身热情和无穷的拼搏勇气，崇高的追求必然带来坚定的信念和顽强的毅力。远大理想所产生的巨大力量，是金钱和物欲所不能替代的。

（3）精神支柱

有了崇高理想，我们在人生道路上，才能经受得住逆境的考验，才能经受得住失败的考验。不管别人怎么冷嘲热讽、说三道四，都矢志不渝，不改初衷。

孟子曾说：生活富裕时不能骄奢淫逸，生活贫寒时不能动摇志向，强暴面前不能屈膝变节。要做这样的硬骨头，就必须有崇高的理想。

2. 设计人生的理想

理想是我们人生前进的总方向，可是我们许多人却往往因为找不到这个方向，最终徘徊不前，迷失在自己的人生道路上。那么，我们该如何设计自己的人生理想呢？

（1）想象人生

有很多的方法来设计理想的人生，但是最好的方法是想象当你真正知道所要的东西的内在和外在后，是什么样子、你有什么感觉。

（2）理想量化

可以想象在将来的某一天，例如2020年1月1日，你在做什么。把日常的事情具体化：你住在哪里？和谁在一起？这一天有多忙碌？你看起来怎么样？和他人在一起的时候你表现如何？你们的关系怎么样？

在你的设计中，人生中的方方面面都应该包括进去，如职业、朋友、家人、环境、健康、个人成长、金钱、娱乐、消遣，以及其他有意义的事物。

（3）重视细节

一旦你知道了自己想要什么，很有必要把每一个目标分解成每一天的目标。例如，如果你希望明年健康，能把马拉松跑下来，那么你今天就开始有规律地进行小规模的跑步活动，直至跑步成为你生活的一部分。

（4）目标要现实

如果你还在要求自己在每天30分钟的时间里完成4个小时的工作量，那么不要沮丧，要现实些。你可能发现如果一天做一件事，就比你想得、做得要快，并且可以超前于计划找另外的一件事情来做。

（5）灵活控制

你要控制好你的计划，而不是让计划来控制你。每月、每季度、每年的回顾对于保证计划适应于生活中真实发生的事情很有用，这种预防系统可以帮助你用最好的方法预见和处理没有预料到的情况。

（6）不怕改变

如果你要改变计划中的某一部分，行不行？没问题。只要有必要，你多少次重新设计你的计划都没有关系，因为这是你的计划。回到设计板前重新考虑，你可能会意识到改变其中的一点会影响到其他的部分，而不仅仅是改变这一点。

重要的是你要记住，这是你的人生，任何事情都有可能发生，所以如果重新设计也不理想，就想象一下你想成为什么样子，然后马上开始行动。

（7）对己诚实

不管你计划什么，都必须适合你，这点很重要。如果你把没有能力做到的事情和不想做的事情都纳入你的计划，那么你必须想一下你要什么，坦诚地接受你确实能够完成预设行为的可能性有多大。

生活在变化，你怎样适应这些变化，在追求理想时你怎么表现，这些对于实现想要的生活是有影响的。

人生的真正欢乐是致力于一个自己认为是伟大的目标。我们常说："人生短暂，我们要过一个充实而有意义的人生。"有意义的人生也就是用自己毕生的心血去实现那心中最美好、最远大的理想。

贴心小提示

如果生活总是不顺，你对能否拥有想要的生活丧失信心，那该怎么办？或者你连想要什么也不知道，因为你对头脑中的每一个想法都感觉不好，那该怎么办？你必须把比较基本的需要和生活中的实际情形记录下来。

这种情况下，你需要一个顾问来帮助你理清生活中的方方面面，包括你没有看到的和忽视了的。顾问能帮助你认识到你的真实价值所在，帮你指出怎样把它体现在你的现实生活当中。

不要迷失在不切实际的幻想中

幻想是指违背客观规律的、不可能实现的、荒谬的想法或希望。由于它具有虚无性、缥缈性，所以人们不能迷失在这样的虚幻之中，否则会徒耗精力，事与愿违，劳而无功。

例如，根据客观规律办事，努力种好田，争取获得最好的收成那是理想。而那些不想去种田，天天无所事事，游乐终日，却希望自己能一夜暴富的想法是幻想。那些以为能通过拔苗助长取得好收成的想法也是幻想。

1. 认识过度幻想的危害

我们许多人在遇到挫折或难以解决的问题时，便脱离实际，想入非非，把自己放到想象的世界中，企图以虚构的方式应对挫折，获得满足。例如，我们小时候觉得处处受大人的限制，往往会沉溺在"孙悟空式"的白日梦中，认为自己如果有七十二变的能耐，那就好了。对能力弱小的孩子来说，以幻想方式处理其心理问题，是正常的现象。

但如果我们成人仍常常采用这种方式应对实际问题的话，那就有问题了，特别是当我们将现实与幻想混为一谈时，就更有问题了。

理想化是幻想作用的表现之一。理想化是指对另一个人的性格特质或能力估计过高的现象。

当我们对父母理想化时，便树立了一种典范并且确信自己同样伟大。我们自豪地感受到，我们的父亲是世界上最伟大的，我们的母亲是最美丽动人的。理想化作用对我们的安全感有帮助，但会酿成虚幻的自尊，因为理想化作用带有浓厚的自我陶醉色彩。

同其他心理防卫术一样，幻想也许有其积极的一面，比如它能使人获得满足感，使人感到精力充沛和斗志旺盛等。但幻想也容易形成人的情绪陷阱，因为幻想往往通过夸大他人的优良表现，从而宽容自己对失望和挫折的反应，形成以他人的成就来代替自己的努力实践的倾向。

若幻想严重地影响了你的正常生活，就请及时到专业的心理咨询机构，做正规的心理疏导。

2. 克服过度幻想的方法

过度幻想让我们沉湎于自己的思想中不能自拔，严重影响我们的实际行动，从而导致不能正常生活。那么我们如何克服不切实际的过度幻想呢？

（1）音乐替代法

专心致志地欣赏音乐，可使你的心灵得到净化，使你的过度幻想融入音乐的旋律，让青春插上翅膀高飞，你便有了一个平静如水的清醒头脑。

（2）日记记录法

写下你的幻想和思念，你会发现，过度幻想只不过是水中月、梦中花，它不过是使你的大脑稍事休息的小小插曲。除此之外，它对你而言只是一个使你分心的梦境。不要纠缠于它，做自己应该做的事情，你会发现你有能力控制自己。一个现实生活中的人，不能生活在空想和梦幻中，记日记可以使你学会约束自己，为所当为，即可使心情平静。

（3）运动释放法

要非常投入地参加到运动中去，这样会使人坚强自信起来，因为疲劳和汗水可以冲洗身心的内耗。当你吃饭很香、睡眠充足、精力充沛时，你就会感到不切实际的幻想只不过是庸人自扰，都是多余的。

（4）专注兴趣法

专注和成功感会使人认识到自己存在的价值。从事实际的活动，可帮助你摆脱虚幻和空想。

（5）朋友解围法

观察和感受你的朋友在做什么，把你的苦恼说给你的知心朋友听，朋友会给你新鲜的生活目标，使你走出自己苦思冥想的怪圈，有一个新的生活天地。

（6）心理咨询法

如果以上方法收效不大，你就应主动向心理医生求助。写信、打电话或面谈都可以，千万不要把自己封闭起来折磨自己。对过度幻想不必自责，但也不要放任。

贴心小提示

过度幻想是不好的，但是适当的幻想却是非常有意义的。所以你不能因噎废食，从此告别幻想。从心理学角度看，幻想对我们心理健康究竟有哪些积极作用呢？

激发潜能。幻想的题材多为个人关心的事情，由于不受传统思维形式的限制，往往会迸发出意料不到的解决方案。美国心理学家彼特说："想象力是解决问题的钥匙，当人们百思不得其解时，'白日梦'能为你提供答案。"

在经典艺术创作过程中，我们也常常见到幻想的影子，大文豪巴尔扎克就常与他小说中的人物对话；作曲家勃拉姆斯也不止一次地说，只有当他冥想时，构思才会不间断地从脑海中跳出。

面对现实。现实生活中，我们的言谈举止大都中规中矩，心理学称此现象为"人格面具"。而幻想往往超越现实，伴有一定的欣慰感，让人们的心变得更宽广。当人们沉浸其中时，现实世界变得很遥远，我们也不由自主地进入到一种梦幻般的陶醉状态。

平时由于受自尊、面子的影响，人常常会欺骗自己，但在幻想中却会直面现实。因此幻想可以提供一个全方位看待自己心理、人格的机会。你可以根据幻想的提示，找到更适合自己的行为方法。

但幻想毕竟不是现实，如果我们把大把时间都用来幻想，并以此作为逃避现实的手段，则显然是心理障碍的表现了。所以，我们应面对现实，把幻想作为辅助手段，发挥其积极作用。

梦想是一个人心灵的翅膀

梦想，是我们心中最美好的愿望，是我们心灵中放飞的翅膀，也是我们为之奋斗的目标。有梦想的人生是光明的、精彩的，而没有梦想的人生却是黑暗的、乏味的。

梦想对于我们人生的激励作用非常大，如果我们能够把自己的梦想与现实结合起来，变成我们人生的目标追求，我们的动力就会更加强劲，也更容易成功。

1. 认识梦想的意义

生活中我们每一个人都有梦想，不管这梦想是大还是小。有梦想的生活是多彩的，是奋发向上的。梦想是心灵的翅膀，前进的动力，经过不懈的努力而变成现实。

有了梦想，我们才更清楚怎样去走未来的路，才会懂得珍惜转瞬即逝的光阴，才会找到一个让自己不停步，跌倒再爬起的理由。

梦想是我们人生的一面旗帜，指引着我们的方向。能进也能退，苦中也可以作乐，酸甜苦辣应有尽有，皆因有梦想。

小时候，我们总是快乐的，因为嘴里的糖果、手里的玩具就是我们的梦想，这些梦想容易实现，所以我们常常梦想成真。

随着时间的流逝、年龄的增长，我们懂得了水晶鞋、南瓜车、七个小矮人，还有那起死回生的一吻都是画梦的彩笔，它们可以在童话中大放异彩，却难以在生活的书页上留下痕迹。

随着时间的流逝，我们的梦想也由小变大，不再像儿时那样容易实现，我们学会用另一种实际的方式来实现梦想，于是我们努力、奋斗，每天辛劳地工作，弄得自己身心俱疲、精疲力竭，发现梦想还是悠然地高高地在云端，依然那么遥远。

梦想和现实总是有一定差距的，我们希望拥有美丽的外貌、健康的身体、智慧的头脑、浪漫的爱情、幸福的家庭，这些或许目前尚未拥有，但是我们可以想象它们的美丽。

梦想是天上的星星，是用来看的，不是用来摘的；梦想是写意花草、泼墨山水，不是一丝不苟的建筑图，要的就是随心所欲的糊涂劲儿，无形胜有形，贵在传神；梦想是专属自己一个人的快乐，因为别人无法夺去你的想法。

与其郁闷地守着梦想，不如放开手把梦想轻轻放上天，手里抓牢被牵着走的线，当撑不下去、沉不住气时，抬头望望高飞的梦想，然后继续带着一颗会做梦的心，真实地生活，认真地生活，踏实地生活，做人做事都刚刚好，这样既美又真，不也是美梦成真了吗？

2. 实现梦想的方法

梦想是美好的，但梦想并不是永远不可能实现，只要你用心，梦想一定会成真。

我们该怎样为实现梦想而努力呢？

（1）学会自我分析

首先一定要了解自己到底要成为什么样的人、人生目标是什么、最适合什么样的工作。接着要分析自己的优点与缺点，同时学习成功者的长处，不断地改正自己的缺点，这样梦想实现的机会才会大。

（2）要有使命感

做人要有使命感，有一个符合自己价值观和人生意义的使命是很重要的，当你把你的使命确立好以后，成功的机会才大。

（3）有明确的价值观

价值观和目标梦想一定要一致，否则就很难实现，人的价值观和思想都表现在行动上，有了正确的价值观，才会有好的行动力。

（4）寻找学习的榜样

每一个成功的人，都有一个学习的榜样，你必须先跟第一名学习，你才知道，他为什么能实现成为第一名的梦想。

（5）做好时间管理

时间管理的关键是，你一定要知道什么事对你是最重要的，给它设定一个期限，这样你才能永远做最重要的事情。

（6）勇敢地行动

有行动必定会有结果，即成功=方向正确+持续行动。

贴心小提示

请你根据自己的情况，做下面有关梦想的测试题。

1. 归属问题：我的梦想是否真的是我的？

（1）如果我实现了梦想，我就是世界上最快乐的人。

（2）我已经和其他人分享了我的梦想，包括那些我爱的人。

（3）别人怀疑我的梦想，但我依然坚持。

2. 清晰问题：我是否清楚地看到了梦想？

（1）我能用一句话来概括我的梦想。

（2）我能回答几乎所有关于我的梦想是什么的问题。

（3）我已经清楚详细地写下了我的梦想，包括主要特征和目标。

3. 现实问题：我是否在依靠自己掌控的因素实现梦想？

（1）我了解自己的天赋，而且我的梦想非常依赖这些天赋。

（2）我现在的习惯和日常行为对于我实现梦想非常有益。

（3）即使我不够幸运，即使一些重要人物忽视或反对我，即使我遇到了巨大的障碍，我的梦想还是可能实现的。

4. 热情问题：我的梦想是否在驱使我追随它？

（1）我最想做的事情就是看到梦想实现。

（2）我每天都在思考我的梦想，睡觉时都在想它。

（3）这个梦想我已经持续了至少一年。

5. 途径问题：我是否拥有实现梦想的策略？

（1）我已经写好了关于如何实现梦想的计划。

（2）我已经和我敬重的3个人分享了我的梦想，以得到他们的反馈。

（3）为了实施我的计划，我已经对我的生活重心和工作习惯做了很大的调整。

6. 人的问题：我是否召集了实现梦想所需要的人？

（1）我已经将自己置于那些能够激励我的人当中，他们会真诚地指出我的优点和缺点。

（2）我已经召集了那些能够帮助我实现梦想的人，他们所拥有的技能可以相互补充。

（3）我已经将我的梦想画卷传递给了他人，让他们也能够拥有。

7. 代价问题：我是否愿意为梦想付出代价？

（1）我能详细地说出为实现梦想已经付出的具体代价。

（2）我已经考虑过我愿意用什么来交换，以实现我的梦想。

（3）我不会为了实现梦想而改变我的价值观，损害我的健康，或者破坏我的家庭。

8. 毅力问题：我是否正在向梦想迈进？

（1）我能说出我在实现梦想的过程中已经战胜了的困难。

（2）我每天都在做一些事情——即使是非常小的事情——去靠近我的梦想。

（3）我愿意为了成长和改变去做一些特别困难的事情，以实现我的梦想。

9. 实现问题：我是否能在实现梦想的过程中获得满足？

（1）为了使我的梦想成真，我愿意放弃我的理想。

（2）我愿意为了实现梦想而奋斗几年甚至几十年，因为它对我来说非常重要。

（3）我享受追求梦想的过程，即使失败了，我也觉得我为追求梦想所付出的努力是值得的。

10. 意义问题：我的梦想是否有益于他人？

（1）如果我的梦想实现了，我能说出除我之外将受益于我的梦想的人的名字。

（2）我正在建立一个由与我想法接近的人组成的团队，以实现我的梦想。

（3）我现在为了实现梦想所做的事情在5年、20年，或者50年之后还是有意义的。

如果你对每个问题的回答都是肯定的，那你就很有可能看到你的梦想结出果实。如果你对每一个问题下的一个或一个以上的回答是否定的，那你就要认真考虑一下你的梦想了。

善于把兴趣与目标合一

在追求人生目标的时候，我们经常缺乏应有的热情，其中的重要原因就是我们的目标并非我们真正的兴趣所在。如果我们把兴趣与目标合一，那我们就会感受到很多奋斗的乐趣。

因为兴趣是成功的一个重要推动力，它能将你的潜能最大限度地挖掘出来。只有将能力和兴趣爱好结合起来，才更有可能实现目标，从而取得事业上的成功。

1. 认识兴趣的重要性

兴趣是我们对事物特殊的认识倾向。这种特殊表现在兴趣上总是有快乐、喜欢、高兴等肯定的情感相伴随。

我们对某种事物发生了兴趣就会特别喜爱它，就会优先地去认识它。

兴趣是我们最好的老师，我们都会因为兴趣而执着于某一样活动，并在最后取得或小或大的成功。

兴趣是指一个人经常趋向于认识、掌握某种事物，力求参与某项活动,并且有积极情绪色彩的心理倾向。例如,对心理学感兴趣的人,就会把注意力倾向于心理学,在言谈中也表现出心向神往的情绪。

兴趣和爱好可以使我们热爱生活,适应环境。我们的兴趣和爱好可以成为我们的一种向上的精神支柱。在这种支柱的支配下,我们会感到生活充实和美好,会产生一系列积极的情绪体验,继而促进我们热爱生活,珍惜时光。

我们会在兴趣和爱好的驱动下,去寻找兴趣知音,结成朋友,相互帮助,共同进步。

我们的兴趣和爱好,可以使我们克服各种各样的困难,培养出顽强的毅力,并沿着既定的目标奋勇前进。

我们的兴趣和爱好,可以开发我们的智力,可以促使我们产生积极的情绪,并给予我们无穷的力量,对学习中遇到的难题,我们能认真思索、钻研,直至攻破。

我们的兴趣和爱好,还可以逐渐培养我们的观察力、思维力、想象力、注意力和意志力,而在这样的力量的支配下,会使我们迸发出无穷的智慧,促使我们成才。

我们的兴趣和爱好,可以成为我们人生的一项事业。因此,我们既能获得事业的成功,又能用自己的专长服务于社会,成为社会中的有用之人。世界上很多哲学家、文学家和科学家的成功,都是从兴趣和爱好开始的。

总之,我们的兴趣和爱好,对我们的学习、生活和成长有着重要的作用,因此,我们要培养自己的兴趣和爱好。

我们可以根据自己的实际条件和能力,培养自己的兴趣和爱好,慢慢地追求下去,终会有收获的。如果我们没有什么专长,但又希望改变这种状况，那我们就要从实际出发，选择自己感兴趣的，系统地学习这方面的知识，持之以恒地追求下去。

2. 培养目标兴趣的方法

所谓"打锣卖糖，各爱各行"，就是说我们的兴趣是多种多样、各有特色的。在实践活动中，兴趣能使我们工作目标明确、积极主动，从而能自觉克服各种艰难困苦，获取工作的最大成就，并能在活动过程中不断体验成功的愉悦。

那么，怎样培养良好的目标兴趣呢？

（1）奠定兴趣基础

知识是兴趣产生的基础条件，因而要培养某种兴趣，就应有相关知识的积累，如要培养写诗的兴趣，就应先接触一些诗歌作品，体验一下诗歌美的意境，了解一些写诗的基本技能，这样就可能诱发出诗歌习作的兴趣来。可以说，知识越丰富的人，兴趣也越广泛；而知识贫乏的人，兴趣也是贫乏的。

（2）培养直接兴趣

所谓直接兴趣，就是我们对事物或活动本身的外部特征所发生的兴趣，是我们对新鲜的事物或内容在感官上产生的一种新异的刺激。这种刺激反应表现强烈但比较短暂。

直接兴趣是对活动本身感兴趣，因而要培养这种直接兴趣，应使活动本身丰富而有趣。

（3）培养间接兴趣

所谓间接兴趣，就是人对活动的结果及其重要意义有明确的认识之后所产生的兴趣。这种兴趣是由于认识到学习的意义和价值而引起了求知的欲望，既有理智色彩，又有情感需要，且遇挫折不会轻易放弃。

间接兴趣是对活动的结果或意义感兴趣，因而，要培养我们间接的稳定兴趣，我们就要明确活动的目的与意义。

由于我们所处的环境、所受的教育及主体条件各不相同，所以我们的兴趣都带有个性特点，因而我们要根据自身条件进行兴趣爱好的自我培养，这样才能够让我们每一个人的潜能得到最大程度地发挥和优化。

贴心小提示

很多人可能并不是很清楚自己的兴趣所在，现在我们一起来做一个有关潜在兴趣的小测试，看看我们有什么样的潜在兴趣吧！

请对下面的题目回答"是"或者"否"：

1. 当你读一本关于谋杀案的小说时，你常能在作者没有告诉你之前便知道谁是罪犯吗？
2. 你很少写错字、别字吗？
3. 你宁愿参加音乐会而不待在家闲聊吗？
4. 墙上的画挂歪了，你会想着去扶正吗？
5. 你宁愿读一些散文和小品文而不去看小说吗？
6. 你常记得自己看过或者听过的事吗？
7. 你愿少做几件事，但是一定要做好，而不愿意多做几件马马虎虎的事？
8. 你愿意打牌或下棋吗？
9. 你对自己的预算均有控制吗？
10. 你喜欢学习机械知识吗？
11. 你喜欢改变日常生活中的惯例，使自己有一些充裕的时间吗？

12. 闲暇时，你比较喜欢运动，而不喜欢看书吗？

13. 对你来说数学很难吗？

14. 你是否喜欢与比你年轻的人在一起？

15. 你能列出5个你认为够朋友的人吗？

16. 对你可以办到的事，你是乐于帮助别人还是怕麻烦？

17. 你不喜欢太琐碎的工作吗？

18. 你看书看得快吗？

19. 你喜欢新朋友、新地方与新的东西吗？

这些问题的答案没有对错之分，只是看你的倾向。

首先圈出全部答"是"的答案。然后算算前10题中有几个"是"的答案，作为第一组。再算算后9题中有几个"是"的答案，作为第二组。

最后，比较两组答案，如果第一组的"是"比第二组多，那么表示你是个精深的人，能从事具有耐心、谨慎、研究的琐细工作。

如果第二组的"是"比第一组多，那么表明你是个广博的人，最大的长处在于与人交往。

如果你两组的"是"大致相等，那么表明你不但能处理琐细小事，也有良好的人际关系，你适合多种工作。

好的人生离不开好的规划

人生规划就是指一个人根据社会发展的需要和个人发展的志向，对自己未来的发展道路做出一种预先的策划和设计。

人生如在大海航行，人生规划就是人生的基本航线，有了航线，我们就不会偏离目标，更不会迷失方向，这样才能更加顺利和快速地驶向成功的彼岸。

1. 认识人生规划的重要性

我们的人生需要规划，正如钱财需要打理。不懂规划者，不明白"磨刀不误砍柴工"的道理。

好的人生离不开好的规划，成功的人生离不开成功的规划。在正确规划指导下持续奋斗，这样才能收获成功的果实。

茫茫人海之中，我们大多数人所度过的一生是无目标，没有规划的人生。我们只是日复一日、年复一年地虚度光阴，我们除了一天老似一天外，别的什么变化也看不到。我们在自己所建造的牢房里迷惘、焦躁。

人生的失败者在其一生中从未进行过自我解放，从未做过给自己以人身自由的决断。

有两名泥瓦工，在炎炎烈日下辛苦地筑一堵墙，一个行人走过，问他们："你们在干什么？"

"我在砌砖。"一个人答道。

"我在修建一座美丽的剧院。"另一个回答。

后来，将自己的工作视为砌砖的泥瓦工砌了一生的砖，而他的同伴则成了一位颇具实力的建筑师，修建了许多美丽的剧院。

为什么同是泥瓦工，他们却有着如此巨大的差别？

其实，我们从他们两人不同的回答中，已经可以看到他们之间不同的人生态度。前者把工作仅仅当成工作而已，后者则把工作当作一种创造；前者只知道把一块块砖砌到墙上去，别的一概不知不问，后者不仅把砖砌到墙上去，而且他的目的很明确，要修建一座美丽的剧院。

两个人做同样的工作，一个有目标，一个无目标，这就是造成两个人成就不同、命运迥异的根本原因。

然而，有了规划，就一定会有成功的人生吗？也不一定。成功的人生管理三部曲还少不了最后一步——知行合一，持之以恒地实施人生规划，方能真正创造出如你所愿的美好人生。

2．掌握人生规划的方法

人生最大的悲哀，就是做了一辈子自己不喜爱的工作。人最大的失败，就是忙碌到死一事无成。没有规划的人生，就像是没有目标和计划的航行，燃料完了，困在海上喊救命。花谢了还会开，人谁有来生？活不出个人样来，最对不起的便是自己。

我们该如何设计自己的人生规划呢？

（1）分析个人志趣

人生规划要从自我认识开始，首先你必须了解自己真正的思想和情绪。要认真和实事求是地分析，自己的兴趣爱好和厌恶之物是什么，要分析自己内心真正的想法和愿望，明明白白地找出自己真正想要的、对自己来说有意义和价值的东西。

（2）分析社会需求

任何人都不是孤立地存在于世上，而是生存于现实的特定的社会环境之中。个人的成功、幸福、发展，必须以社会的某些客观条件为前提，成功幸福的人生往往是领先超前或同步融合于当代社会发展大潮的。个人人生的价值和意义，只有放在广阔真实的社会背景之下，才能显示出其真谛。

（3）分析家庭需求

对于正常人来讲，成功人生还必须考虑一下家庭对自己人生的需求。尤其对于中国人来说，家庭对人生成功具有十分重要的意义。当然，事实上我们存在着对于家庭需求的多种处理方法。你可以选择独身,也可以选择特定的对于双方来说都有意义的婚姻。但绝不能因为家庭的需求,牺牲自我发展的基本方向。

(4) 确认人生定位

确认自我必然引向人生定位。人生定位即表明在我们一生当中,我们希望自己并且能够使自己成为一个什么样的人。

人生定位是人生发展规划的重要一步,人生定位是确认自己人生的理想和目标,即确认你自己应当成为什么样的人。

不同的人、不同的情形会有不同的定位。人生定位很重要的一点是找到你的理想人格、理想人生的榜样人物,即为自己树立一个代表追求目标的典型。

(5) 策划发展策略

人生发展策略规划也是我们人生规划很重要的一步。人生策略规划指的是我们通过什么样的方法或途径取得成功。举个例子,诸葛亮先是躬耕陇亩,然后是结交挚友,借助师友和自我宣传推广自己,以便声播天下,择良主而侍。"淡泊以明志,宁静以致远"集中概括了诸葛亮的成功人生策略。

(6) 做到规划分解

光有人生规划还不行,还必须像战略规划一样,将人生的大目标,分解成人生不同发展阶段的阶段目标及其具体措施,整个人生规划才能初步完成。

另外,我们还必须制订详细的奋斗计划。总体来说,在不同的时期,需要实现的阶段性目标不同,实现目标的措施也不同。我们应该尽量将目标清晰化,目标越清晰越好,对目标的界定越明确越好。

贴心小提示

我们的人生究竟应该规划成什么样子，我们能不能来设想一下呢？好吧！现在我们就来进行一下设想。

20岁以前，大部分的人是相同的，读书升学，打基础。

20~25岁，要懂得掌握与规划自己的未来。

你要开始为自己的未来规划，掌握自己人生的主控权。

25~30岁，你像一块海绵，努力吸收，为的是自我的成长。

30~35岁，你要学习判断机会、掌握机会，不能再有尝试错误的心态。

结婚是许多人面临人生第一次的重大抉择，面对婚姻，很多人以为结婚就是一个责任的结束，殊不知正是学习的开始。

人的本业就是经营自己的家庭，赚钱的目的就是希望给家人更好的生活，但这可不能成为忽略家人的借口，一个经营不好家庭的人，纵使赚到全世界，他得到的也只是表面的掌声，而他人生的这个圆，永远有一个缺口。家应该是你最大的精神支柱、动力来源和坚强后盾！

35~40岁，这时候的你，工作是一种休闲。

让我们现在一起静心思考，我们现在所有努力的目的是什么？我们一定要记住，工作不应该等于人生，因此，无论我们的人生规划如何，都不应该忘记了自己应有的幸福、快乐、家庭、健康、感情。

成功需要确定好自己的目标

所谓目标，就是要达到的一种状态或者想拥有的东西。要想获得人生的成功，首先要有明确的目标，目标有长期目标和短期目标，有大目标和小目标等，倘若没有目标一切都是空想。同时须知，目标不明确是盲目，目标偏离现实是错误。所以说，一定要界定好自己的目标。

1. 认识目标的重要性

我们很多人从小到大读完中学读大学，读完大学再读研，甚至留学出国。

但是很多人在拿到他们苦苦追求的那张文凭后却发现找不到工作，或者即使找到了工作却远远低于自己的期待值。

其中最根本的一个原因就是太盲目，没有把自己的行动和明确的目标结合起来。

我们每天都很忙，但是很多时候却不知道自己在忙什么，没有目标，只是瞎忙，最后才发现自己什么都没有得到。相反，如果我们做事能够有明确的目标，那么就能领先别人半步，将来领先的可能是几十年，这个差距就会很明显。

所以我们一定要找准自己的位置，始终向自己的目标前进。没有明确的目标，我们就永远达不到成功的彼岸。没有明确目标的指引，我们很容易变得盲目，费时费力地做一些无用功。

没有目标和计划，做起事来只能"东一榔头西一斧"，什么事也做不好。

当我们明确了自己的目标后，还要一步一个脚印地朝着目标努力，这样，目标才有可能在将来得到实现。

在向自己的目标迈进的过程中，我们不可能总是一帆风顺的，当遇到难题的时候，绝对不能盲目去干，要多动些脑筋，看看自己努力的方向是不是正确。正确的方法比盲目的执着更重要。

2. 设定目标的方法

在现实生活中，许多人整天默默工作、辛勤劳动，但却由于没有设定自己的奋斗方向、奋斗目标，做了一辈子，还是在原地踏步，用一个词来形容，那就是碌碌无为。

那么该如何设定明确的目标呢？

（1）设定目标

方向就是战略，就是目标，做人做事业都是这样，只有我们的战略明确了、方向正确了、思路清晰了，然后通过努力，才能达成人生的目标。

有了明确的目标，就已经是成功了一半。我们不能天天只是羡慕别人的成功，白白浪费自己的大把时间。我们一定要沉下心来，为自己设定一个明确的目标。

（2）目标要具体

使自己能集中精力的最佳办法，便是把自己的人生目标清楚地表述出来，说到底，我们每个人都希望发现自己的人生目标，并为实现这个目标而努力。

把人生目标清楚表述出来，能帮助你时时集中精力，发挥出高效率。在表述你的人生目标时，要以你的梦想和个人的信念作为基础，这样做，有助于你把目标定得具体可行。

（3）分解目标

清楚表述未来之梦及人生目标之后，你就可以着手制定长期和短期的目标了。

想到什么目标立即写下来，开头不必考虑这些目标是否能实现，也别管它们是长期还是短期的。这个阶段重要的是有创意，有梦想。

如果你发现这些目标之中有什么与你的人生目标表述及你将来的理想不相符，你可以把它去掉，并重新评估你的人生目标表述，考虑改写。

（4）行动起来

你界定了你的人生目标之后，就要立即行动，如果你不行动还是会一事无成。

苦思冥想，谋划如何有所成就，是不能代替身体力行去实践的，没有行动的人只是在做白日梦。

（5）定期评估

定期评估进展是跟行动同等重要的。随着你计划的进展，你有时会发现你的短期目标并未能使你向长期目标靠拢。

或者，你可能发现你当初的目标不怎么现实，又或者你会觉得你的中长期目标中有一个并不符合你的理想及人生的最终目标。无论是何种情况，你需要做出调整。你对目标越陌生，越可能失误，就需要重新评估及调整你的目标。

（6）庆祝胜利

最后，要抽点时间庆祝已取得的成就，拿破仑·希尔历来提倡奖励制度。当你取得预期的成就时，你奖励自己，小成就小奖，大成就大奖。

如果要连续干几个小时才能完成某项工作，你应对自己说，做完了就休息，吃点东西或看场球赛。但是决不在完成任务之前就奖励自己。当你取得一项重大成就时，一定要好好地庆祝一番。

贴心小提示

你还在盲目地生活吗？你还在为自己不知道如何做事而烦恼吗？下面是一些有效的方法，通过这些方法，相信你会很快找到自己的方向，走向成功！

首先你要准备好纸和笔，写下自己所想要实现的目标。然后列出实现目标的理由。当你十分清楚地知道实现目标的好处，以及不实现目标的坏处时，你才会立即行动起来，向着自己的方向前进。

当明确了目标之后，便要设下明确的时间。因为你如果没有时限来让自己集中注意力的话，便很难检查出自己在不同时间段到底做到什么程度了。

然后，你还要列出目前不能实现目标的所有原因，从难到易排列，自问"现在马上用什么办法来解决那些问题"，并逐项写下。列完解答之后，这些解答通常就是立即可以采取的行动，并且十分明确。

目标明确以后，那就马上采取行动，从现在开始。你要经常提醒自己，也可以把它们写在纸上，贴到自己最容易看到的地方。

这种提示会在我们的潜意识里形成一个做事的尺度，从而使我们明白自己什么时候该完成什么事情，从而让我们做起事来保持清醒的头脑，向着自己的目标前进，而不是变得盲目。

总之，只有我们明确了自己的前进方向，才能让自己走得更快更好，少走冤枉路，实现成功。当目标确定后，请你马上下决心去努力实现吧！有了目标的指引，你的人生之船一定能够驶向理想的彼岸！

学会克服盲目追求的心理

人生只有一次，没有人希望自己活得浑浑噩噩。但是，我们若想活出生命的真意，享受神采飞扬、意气风发的生活，就必须依靠自己把握方向，克服盲目追求。

1. 认识盲目追求的危害

很多时候，我们徘徊在人生的十字路口，不知道该向哪个方向走。我们经常以骑驴找马的方式，应试过几个不同的工作，结果可能都不顺利。

于是，我们决定培养第二专长，参加了一次科技方面的实务研讨会，又觉得学习到的技术十分有限，并不足以帮助自己转职成功。接着，又想要参加公务员考试，也想要自行创业……

这样的场景，可能很多人都遇到过，而问题的关键并不在于到底应该做什么决定。

最急待解决的问题其实是，我们自己喜欢什么性质的工作，想要获得哪一方面的成就？或者，我们应该心甘情愿地接受眼前的事实，停止对工作的抱怨。

美国作家梭罗说：我们的生命都在芝麻绿豆般的小事中虚度，没有值得努力的目标，一生就这样匆匆过完。

书评家亨利·甘拜也有感而发：坏就坏在他们从不停下来检讨一下，究竟那个目标是不是值得，更可怜的是他们根本不知道自己要什么！

研究自己的性格，了解自己的特质，比搞不清楚东西南北就决定新的发展方向更要紧。先想清楚自己要的是什么，这是最重要的事。

弄清楚自己要的是什么，不要因为害怕自己能力或经验不足，就不敢想，只要你弄清方向、下定决心，加倍努力学习，用心培养专长，就可以弥补现实和梦想中间的差距。

我们要永远记住，成功的人都是在很早的时候就发觉自己真正喜欢做的事情，然后全力以赴。全球巨富比尔·盖茨在少年时发觉了自己在编写程序方面的兴趣，于是投入了毕生的心血，终于在这条路上做出了自己的成绩，获得了人生的成功。

2．克服盲目追求的方法

在实际生活当中，我们很多人都会被周围的烟幕弹所左右，丧失目的或者看不清目的，变得盲目。一个人失去目的就像一艘船失去了方向，终其一生也不知道为什么而活，这是一种极大的悲哀！

那么我们该如何克服自己的盲目心理呢？

（1）不要盲目从众

心理学研究发现，在群体活动中，许多人存在着从众心理，他们往往在群体的诱导或压力下放弃自己的意见。

比如，别人抽烟，他也学着抽烟；别人上网，他也跟着通宵达旦；别人说脏话，自己也去模仿；别人穿名牌服装，自己不顾自己的经济实力，也去购买；凡是所谓自己认为时尚的、新潮的，就情不自禁地跟上去，没有自我，没有思考。

在生活中，我们一定要用自己的头脑去思考、去分辨、去判断、去行动，不要让别人的头长在自己的脖子上，支配自己的思维和行动。

（2）不要盲目相信广告

不加分析地顺从某种宣传，让广告牵着我们的鼻子走，这是不健康的心态。多一些独立思考的精神，少受一些盲目鼓动，以免上当受骗，方为健康的心理。

（3）要提高思维能力

提高我们的创造性思维，能让我们在做事时有自己的独到见解和开拓性意见，提高我们的多向性思维能力，能够让我们对自己现在的行为是否适当提出质疑。可见，提高思维能力对于我们克服做事时的盲目性确实是有效的。

（4）要能够独立思考

努力培养和提高自己独立思考与明辨是非的能力，遇事和看待问题，既要慎重考虑多数人的意见和做法，也要有自己的思考和分析，从而使判断能够正确，并以此来决定自己的行动。

（5）有坚定的理想和信念

一般说来，克服盲目心理主要靠学习科学文化知识，别人的意见和压力并不是我们从众的关键因素，关键的因素是我们的理想、信念和道德观，这些从根本上决定着我们是否盲目。

只要我们具有正确的理想、信念和世界观，就不会轻易受到别人不正确观点的影响，也不会因害怕孤立而屈服于压力。

贴心小提示

你是不是正忙得不可开交，如果现在问你："你到底在忙些什么，到底为什么而忙？"你是不是有些迷惘呢？

其实，我们的人生追求很简单，只要在4个层面保持平衡，我们的人生就会完美幸福！

首先，生理需求。我们忙来忙去，初衷无非是要让生活过得好一些，衣、食、住、行不断改善，身体状况保持良好，工作越来越主动、轻松和顺利，这点很容易理解。

其次，爱的需求。也就是与自己息息相关的几个关系：爱人、父母、孩子、同事、上级、朋友。

我们是不是应该相互提醒一下，我们工作忙了之后，对爱人、父母、孩子、朋友是否还顾得上关照，是否在工作之余，能够真正用心关怀一下这些人生中非常亲密的人。

也许他们最需要的并非是你能花多少时间来陪伴他们，也许仅仅是你的一句关怀的问候，或是结婚纪念日的一束玫瑰，或是耐心而真诚的谈心。其实爱就是这么简单，只要真心对待，爱就会不断升华，只要有爱，家庭和事业完全可以双赢。

再次，智的需求。人要有不断更新、不断学习的内心需要。只要抱着主动学习的态度，我们才能享受获取新知识的愉悦和幸福。

最后，德的需求。这是重要的，同时也是最易被人忽视的。它是我们内心深层次的追求，其实关于这一点也有一个非常简单的衡量标准，那就是当我们百岁之后，静躺于遗体告别会时，我们周边的亲人、同事、朋友、上级、下级、合作伙伴们，他们所给予我们的内心深处的悼词是什么，也许这就是我们人生的终极追求吧！

人生的追求，是一种内心的平静，只有在这4个层面保持平衡的人才会拥有圆满的人生。让我们用健康的身体、幸福的家庭、成功的事业、崇高的追求，一起来体会这种内心的平静！

第三章　行动与实践的心理潜能

"说一尺不如行一寸。"任何希望、任何计划最终都必须要落实到行动上。只有行动才能成就事情。而在很多情况下，行动需要决断，需要勇气，需要我们摒弃优柔寡断、犹豫不决的心理。

这个世界不乏一些有宏图大志的人，他们有理想、有目标，心中有着一幅宏伟的蓝图。但是他们缺少的就是切实的行动，一切都是空谈。因此他们的所谓"理想"就像水中月、镜中花一样虚无缥缈，永远无法实现。但愿我们这个世界多一些扎扎实实做事的人，少一些只说不做的"空想家"。

迟疑不决会错失良好的机会

迟疑不决就是优柔寡断、畏畏缩缩、遇事缺乏果断的一种心理特征。这是由于缺乏自信和魄力造成的，这样的人难以成大事。

须知，如果我们在做事的时候经常瞻前顾后，那就会寸步难行，从而错失良机。而决断能够让我们的人生充满信心，并能够让我们的人生充满力量。

1. 认识迟疑不决的危害

习惯于迟疑不决的人，会对自己完全失去信心，所以在比较重要的事情面前没有决断的能力。

有些人的优柔寡断简直到了无可救药的地步，不敢决定任何事情，不敢担负任何责任。之所以这样，是因为他们不敢肯定事情的结果是什么样的！

时光易逝，时机易失。如果我们还在迟疑中摇摆不定，那我们就会失去美好的东西。兵贵神速，赶快行动，花开堪折直须折，莫待无花空折枝。

成功就在决心，迟疑难成大事，果断地下定决心，就意味着把握了战争的胜利,稍有迟疑就会导致失败。

2. 克服迟疑不决的方法

很多时候我们总因自己的犹豫而苦恼不已。犹豫往往因为缺乏自信和习惯性担心某些潜在的问题。有这种弱点的人,就不可能有坚强的毅力。

那么我们平时该如何克服迟疑的习惯呢?

(1) 敢于抉择

如果一味地担心自己的抉择是否正确,那么即使是做出了所谓正确的选择,我们也是无法享受生活的,我们会在悔恨中失去自己的幸福。

(2) 培养自信

缺乏自信,怀疑自己的能力,往往会让我们迟疑不决。只要我们能够增强自信心,就能在重大问题上不迟疑,做出正确判断。

(3) 走自己路

我们很多时候,过于在意别人会怎么评价我们。面临选择时,我们总会担心别人对此会怎样想,这是很错误的。

我们可以听取他人的意见,但是,如果真的感觉自己的选择是正确的,那么就该去做。不要太看重他人的意见,毕竟,生活是你的,不是别人的。

(4) 乐于交心

有时候,迟疑不决如同向下的螺旋缠绕在我们的脑海里,挥之不去。出现这种情况时,我们最好找个自己信任的朋友讨论一下,当然不必让朋友替自己做决定。

但是我们一定要记着,我们只是与朋友讨论一下,只是想有助于澄清问题,能从一个较好的角度去看问题,这样也更容易进行选择,而不是让自己变得迟疑不决。

（5）分清轻重

人生短暂，可能很多事情我们都没有时间去做。我们要对家庭、人际、内心世界、运动等都要有一个很清晰的认识，排排次序是很重要的。面临抉择，就能很快地选择重中之重了。或许，你的老板想要你加班，而且补助也不错，但是你很清楚你最看重的是与家人在一起的时间，那么就会很轻松地立即拒绝了。世界上没有万全之策，不要期望可以为自己的事业奉献一切的同时又可以和家人共享美好时光。

良机已经出现，我们还迟疑什么呢？赶快出击吧！果断的错误胜过迟疑的正确，把我们的眼光放得远些，做一些别人没做过的、又不容易成功的事情。

我们要有自信心，通过自己的努力，一定能达到目标的。从心灵上确认自己能行，自己给自己鼓劲。只要有心理准备，我们就不会为一点儿困难而退缩，就能充满信心地完成任务。

贴心小提示

你是不是经常犹豫，从而丧失良机呢？如果是的话，现在告诉你一些有效的解决方法吧！

1. 尽可能让生活有规律。
2. 注意你的外表。
3. 在迟疑时候，仍然不放弃自己的计划。
4. 不要压抑自己的情绪，尤其是愤怒。
5. 每天都研究学习一些新的东西。
6. 迎接一切挑战。
7. 不要谈论你在某个特殊时期遇见的问题。

8. 以德待人，即使是件小事情。

9. 尽量以不同的方式对待不同的人。

10. 尽量发挥你的长处。

11. 记下生命中的美好回忆。

12. 做一些从来没有做过的事情。

13. 尝试与富有活力又充满朝气的人相处。

14. 不要让他人左右你的思想。

15. 一旦做了就不要逃避，为自己的构思负责。

上面这些忠告，只要你能够认真实践，就能够不再犹豫，变得果断起来，那时你的生活必将更加精彩！

要改变夸夸其谈的习惯

人生的成功来自务实，而不是夸夸其谈、流于口头。因为一切事情仅流于口头是无法成功的。

在现实中，许多人喜欢夸夸其谈，总以为自己是天下第一，什么事情都比别人强。

夸夸其谈的人其实也就只有夸夸其谈的本领而已。

1. 认识夸夸其谈的危害

大谈一大堆理论，说得天花乱坠，不会对花园有好处，试想，如果我们按照自己的方法去真实地做，花园现在大概已是芳草萋萋、鲜花满园了吧！

其实，我们平时为人处世又何尝不是这样。甜言蜜语似口中的糖，能让我们在听说时欢喜，但实则无益。实做如一剂中药，平淡朴素，但在我们困难时却能救我们一命。

我们许多人喜欢自鸣得意地空谈，却没有真本事，缺乏预见性，别人干时不伸手，别人干完了，却说三道四，妄加评论。

我们做人应该要实事求是，不要只会逞口舌之强，凡事要脚踏实地，要争千秋，不要只争一时。越王勾践卧薪尝胆、诸葛孔明陇中养精蓄锐；多少人的十载寒窗，多少人的生聚教训，都说明务实勤劳才能成功。

世界竞争日益激烈，不如少些空谈，多做实事。

我们与其空谈将来的理想，不如从现在起，为自己的目标实实在在地做，空谈只是我们失败的借口，要努力学习，为梦想一步步地努力，为中华崛起而多些务实、少说些空话。

拥有了务实，就拥有了实现梦想后的喜悦。在未来的世界里，不要让空谈占据了你生活的全部。我们要的是务实，而不是空谈！

2. 克服空谈的方法

喜欢空谈的人，只不过是在做着自己的黄粱美梦罢了！在不切合实际的"魔毯"上飞，最终一定会摔下来。我们只有脚踏实地、一点点耕耘，才能有一点点收获，梦想并不会因为我们的空谈而实现。

那么我们平时如何做到克服空谈呢？

（1）认清危害

空谈有很多害处，虽然别人一开始可能不知道我们的底细，但是一旦知道，就会失去别人的信赖，大家都会觉得我们不是一个可靠的人，从而与我们疏远。

当空谈者被人识破后，谈得越多会越让人觉得心烦，这样还会破坏我们自己的形象，不利于工作，不利于自己的发展。所以说，空谈是一件害人害己的事，最后的结果只能让我们后悔莫及。

（2）吸取教训

空谈并不可怕，可怕的是不吸取教训。只要我们从此闭上嘴、多做实事，那么在不久的将来，我们就会成为务实者。自然，成功和荣誉终究也会属于我们。

（3）树立理想

我们自我价值的实现不能脱离社会现实的需要，必须把对自身价值的认识建立在社会责任感上，正确理解权力、地位、荣誉的内涵和人格自尊的真实意义。

很多人能在平凡的岗位上做出不平凡的成绩，就是因为有自己的理想，同时做到有自知之明。这就是说要能正确评价自己，既看到长处，又看到不足，时刻把消除为实现理想而存在的差距作为主要的努力方向。

（5）要有自知之明

人生逆境十之八九，我们不能事事如意，有某方面达不到自己的要求或自己在某些方面比不上人家，这是正常的，无须耿耿于怀，更不必用虚假的东西来掩饰。假的终究是假的，被人识穿以后会更加丢人现眼。

（6）主宰自己

我们不要过于在意别人怎样看待自己。

我们不能时时处处取悦别人，把他人的言论作为自己的行为准则，如果那样，就会不知不觉地给自己套上一个无形的精神枷锁，最终只能是不断助长自己的虚荣心理。

（7）矢志奋斗

虚假的荣誉不属于自己，它终究会被人遗弃。我们与其追逐一个个转瞬就破的肥皂泡，还不如立下大志，通过奋斗创造出属于自己的荣誉。

经过奋斗得来的荣誉，才是真实的和自豪的，务实者会脚踏实地从今天做起，坚持下去，这样真正的荣誉就会降临到你的身上了。

总之，我们不要做整天空谈大道理而无所事事的人，我们要多做一些实事，这样人生才会更有意义。1000个"0"顶不上一个"1"，1000个愿望顶不上一次实际行动。

贴心小提示

你还在别人面前空谈吗？你还没有认真地做成过一件事吗？假如你已经认识到了自己只会空谈，那么请现在就认真改正吧！

1. 树立正确的人生观

作为一个社会人，你是否活得有价值，最主要的是看你是否尽了力、做了事，而不是看你说了多少空话。让我们从现在做起，而不是说起。

2. 要给自己订计划

每天订个小计划吧！一天结束的时候，就可以问问自己完成了没有，如果没有就惩罚一下自己。

3. 从小事做起

你也许胸怀大志，满腔抱负，但是成功往往都是从点滴开始的，你如果天天只会空谈理想，不去做任何事，必将一事无成。

4. 转移注意力

选择你自己最擅长的事情，全身心投入，争取有所成就，这样，你的信心就会逐步增强，空谈就会步步退却。

5. 增强意志力

当你忍不住空谈的时候，用意志力克制自我。要学会自我暗示、自我命令。暗示、命令自己不要随口瞎说，暗示、命令自己把精力用到学习和工作上去。

相信经过你自己的不懈努力，你一定会重塑自己的形象，让别人看到一个全新的你！

探索是人类基本的思维方式

所谓探索就是叩开未知领域的一种进取精神，简单地说，就是我们自己的好奇心和自己勇敢尝试的过程。

自从人类出现在地球上，就有了探索精神，人类因为去探索，所以现在才有了火，有了电，有了舒适的衣服，有了手机，有了现代化的电脑。

1. 认识探索精神的重要性

探索精神是我们人类基本的思维方式，并不是只有发明家、科学家们才会用到。举个最简单的事例，小时候，你第一次拿到核桃，你看到别人在吃自己也很想吃，但核桃有硬壳，然后你可能用石头等硬物去砸碎核桃，但你发现这样果肉不完整，然后你又想用其他的方法去打开核桃，这就是探索性。

人是有别于地球上的其他动物的，人是会不断学习、不断探索的，所以人拥有了一个地球上相对最大的大脑。有了这么大的大脑，我们不可能放着不用，所以我们不断学习、不断探索。

大千世界，无奇不有。世界上还有很多人类不解之谜正等待人们去探索、发现。

古老的时代，人们总是被一些奇怪的、自己不能解释的现象所吸引，就像日食和月食，古人就认为是一种神兽在把太阳和月亮给吃掉了。其实这只是一种心灵上对自己不能解释的现象所勉强赋予的一种精神寄托，但也从侧面反映了人们对神秘世界进行探索的渴望。

明朝的万户是第一个想到利用火箭飞天的中国人,他伟大的探索精神令人钦佩。

14世纪末期,明朝的士大夫万户把47个自制的火箭绑在椅子上,自己坐在椅子上,双手举着大风筝。设想利用火箭的推力,飞上天空,然后利用风筝平稳着陆。不幸火箭爆炸,万户也为此献出了生命。

诺贝尔是举世闻名的化学家,黄色炸药的发明者。他在临终前把自己大部分财产交给信托公司,创立了国际科学界最高奖项诺贝尔奖。此奖从1901年开始颁发,至今未衰。诺贝尔不仅毕生致力于科学探索,而且以其顽强不息的探索精神激励和鞭策着后来的科学家们在科学攀登中不断踏上新的高峰。

诺贝尔初见硝化甘油是在圣彼得堡。当时,西宁教授拿着硝化甘油给诺贝尔父子看,并放在铁砧上锤击,受击的部分立即发生爆炸,引起了诺贝尔的极大兴趣。

西宁教授告诉他,如能想出切实办法使它爆炸,在军事上大有用处。从此,年轻的诺贝尔对此念念不忘,发誓要完成这一发明。经过长期认真思考,诺贝尔认为要使硝化甘油爆炸,必须把它加热到爆炸点或以重力冲击。

为寻求一种安全的引爆装置,诺贝尔屡经失败而不放弃,就连父亲和哥哥都笑他固执,可他始终不急躁、不灰心,耐心分析失败的原因,经过大小数百次的失败,有时甚至被炸得鲜血淋漓,仍然继续自己的探索,终于有了"雷管"的问世。

但他仍不满足于已有的成就,继续迈出了探索的新步伐,面对各种挫折毫不退缩,最终制成两种固体炸药和枪炮用颗粒状无烟火药。诺贝尔在不懈的探索中、在失败的反复考验中赢得了成功。

2. 培养探索的精神

科学家爱迪生说过："世上一切都是谜，一个谜的答案即为另一个谜。"他不断探索，不断创新，最终成为一位拥有1000多项发明的发明大王。

科学探索已随着历史的发展衍生出一种精神，引领人类不断进步、发展。

那么，我们如何培养自己的探索精神呢？

（1）不怕失败

探索未知世界，创造发明，不可能一帆风顺，必定会伴随着坎坷、失败与挫折。诺贝尔等科学家那种锁定目标锲而不舍的探索精神，是他们获得成功的最重要因素之一。

今天，我们在社会变革的过程中，不管进行哪方面的改革创新，都需要这种不懈探索与拼搏奋斗的精神。有的人在工作和学习中，一遇困难与挫折，马上就打"退堂鼓"，这样怎么能有所发明、有所创造呢？

（2）善于总结

我们常说："失败是成功之母。"这句话成为现实是有条件的，即在科学探索、开拓创新中，不仅要有不怕失败的精神和抗挫折能力，更要有善于从失败中总结经验教训的智慧。"吃一堑长一智"，认真从失败中获取教益，在探索中改进方法，不断走出失败、超越失败，最终才能获得成功。

（3）坚定信心

探索会有风险，如人类对于宇宙的探索，就要冒很大的风险。宇航员在火箭发射前，往往有很大的心理压力。因为火箭发射总是与风险相伴，一旦发射,任何小问题都可能让宇航员失去生命。

比如1986年,美国"挑战者"号航天飞机在升空后73秒后因为一个密封圈的故障爆炸,7名宇航员全部遇难。而发射时产生的超重,对宇航员的生理也是一个巨大的考验。因此,作为宇航员必须具有过人的勇气与自信。

中国首位航天员杨利伟以他超人的勇气与自信,出色地完成了任务。后来,他在采访中说他之所以能战胜压力,不仅是因为平时严格的训练,还因为他坚信发射能成功。

(4)实现理想

远大的理想和崇高的信念是探索者必备的条件。马克思和恩格斯,怀着为人类解放而斗争的崇高信念和远大理想,致力于社会发展规律的研究,发现并揭示了人类社会向前发展的本质因素,创立了科学社会主义。这说明了理想和信念是人类成功的强大驱动力。

(5)认真专注

在"嫦娥一号"发射前,发射中心的每一位工作人员依旧在不倦地检查每一个细节。因为如果发射后出现问题,就没有挽回的余地。

探索就是这样,必须高度地认真细心,才能把风险降到最低、成功率达到最高。任何一点失误,都有可能导致失败。

我们应该满怀信心,坚定信念,凭借自己的勇气与智慧克服一切艰难险阻,实现远大的理想。用自己的实际行动来继承、发扬这一能体现人类最宝贵、最伟大价值的探索精神。

贴心小提示

现在的孩子喜欢发问,爱思考,这对培养孩子的探索精神十分有利。那么，我们作为家长应该如何有意识地在这方面对自己的孩子加以培养呢？

1. 鼓励孩子提问题

教育家陶行知盛赞小孩是再大不过的发明家，他提醒家长："发明千千万，起点是一问，人力胜天公，只有每事问。"孩子提出的问题，家长不一定全都能回答出来，但可以这么对孩子说："这些问题我不知道，不过，我们可以通过努力找出答案。"

2. 满足孩子的自尊心

孩子有很大的可塑性，应尽力满足他们在知识、能力、判断力方面的自尊心，不要说孩子是"傻子""连这个都不懂"，也不要说"你不懂，让我来告诉你"，而要在孩子面前表现出自己的谦逊，如："我想，这个问题你是了解的，请你谈一谈你的看法。"这样一来，由于孩子的自尊心得到爱护，他就会尽力探索问题，对什么问题都会自己寻求答案。

3. 注意生活中的现象

让孩子在显微镜下看看他们的手指甲，他们就会懂得为什么要坚持饭前洗手；与其向孩子解释什么是霉点，不如让孩子看看面包上长的霉点；如果能带孩子到博物馆或科技馆去，不给他规定参观路线，而是让孩子带路，这样就知道他们最感兴趣的是哪些东西。

4. 欣赏孩子的爱好和成就

这是满足孩子求知欲望最重要的一点。孩子的爱好是其心理发展走向的表露。在称赞自己的孩子时，应注意几点：

一是称赞要诚恳，发自内心。

二是要具体而不要抽象笼统。

三是掌握分寸，不可言过其实。

四是经常采用间接称赞的方法。

五是称赞的时机要选择得当，不可乱发议论，要自然，不要做作。

勇于行动才能造就成功

英国科学家赫胥黎有句名言："人生伟业的建立，不在能知，乃在能行。"设定的目标，如果不付诸行动，便会变成画饼。

俗话说："心动不如行动。"成功没有捷径，想达到自己的目标就要努力去做。所以如果想成为一名成功者，你就应该勇于行动，主动出击。

1. 认识勇于行动的重要性

凡事都要勇敢地去尝试。因为有很多时候，很多事，你不去尝试，你不去做，就永远不知道到底是行还是不行。

有想法就勇敢地去行动，不要总是犹豫不决、徘徊。你必须要知道，勇敢地去行动才是你最佳的选择。

赶快给自己定一个远大的目标，赶快使自己行动起来，勇敢地去行动，不断地努力奋斗，让你的梦不再是空想。

21世纪是一个讲究实战的时代，它不需要纸上谈兵，只需要实践行动。一个人不管他有多大的抱负、多么远大的理想，如果他只是空想而不行动，那么到最后一切都是白想。

凡事都要勇敢地去尝试，即使失败了，也没有什么大不了的，至少远远胜过于那些因为害怕失败而不敢向前跨进一步、始终原地踏步的人。

真正的勇者应该是亲身投入人生的战场，即使脸上满是汗水与灰尘，也会勇敢地奋战下去。遇到挫折或错误时,他会修正自己重新来过。为了达到自己崇高的目标,他会尽最大努力,即使未臻理想,他也不会丧气,因为他知道勇敢尝试,而后失败,远胜于畏首畏尾,原地踏步。

机遇对于我们每一个人来说都是平等的。当你抱怨上天不给你机遇时,请你多问一下自己,到底是上天不给予你机遇,还是机遇来了你不去争取,不去把握或者说是你不敢去争取。

生命在于奋斗,行动可以创造出奇迹,行动可以创就伟业,行动可以逆转人一生的命运。

也许今天你的心中抱有很远大的抱负,但是不管心中抱有多么远大的抱负,如果你只想而不行动的话,那么到头来一切都只不过是空想罢了。

2. 学会勇敢行动

如果害羞、犹豫或者悲观,那么你的一生可能会过得单调乏味而且不会达到自己的目标。大多数的进步都由那些勇敢的人引导,科学家、政治家、艺术家,他们创造机会,创造成功。

(1) 设想自己勇敢

如果你认识一些勇敢的人,想象他们怎么做,如果你不认识那样的人,想象一下电影或书本里面那些敢作敢为的角色。

每天花一个小时或者一周花一天假装你是他们。当你要做这些的时候,到那些没人认识你的地方,而且那些人不会因为你做了不符常规的事而感到惊讶。通过行动来看会发生些什么,你也许会发现勇敢之后会发生多么惊人的事情,你可能会很坚定地将这种勇敢的行为融入你的日常生活中。

(2) 勇敢迈出第一步

当你感到犹豫时,特别是与人交流的时候,自信一点迈出第一步。下班后打电话给你的朋友,告诉他们你买到了两张新上映的电影票,你希望他们跟你一起去。如果你做过什么过激的事情，那么现在请给对方一个认真的拥抱和诚恳的道歉。

（3）试尝新的办法

勇敢的人不会害怕尝试新的事情。

你可以从小事做起，可以穿一些与平常不同款式和颜色的衣服，去一些你平常不会去的地方。

（4）敢于冒一次险

鲁莽与冒险是不同的。鲁莽的人是不会冒险的，他们甚至想都没想过。从另一个方面来说，一个勇敢的人对风险有很强的意识，并且会想办法度过危险期，做好准备并自愿承担后果。

想想一名运动员每一天都在冒险。他们轻率吗？不，那是一种有计划地冒险。

你也许会错误地认为，我们都是这样的。但不行动可能也是一种错误，它会导致空虚与后悔。对于很多人来说，冒险与失败远比什么都没做过好得多。

记住，要学会拥抱失败，它并不是成功的敌人，而是成功必要的组成部分。

（5）重新审视自己

如果你不知道你是谁，你就不可能真正勇敢。开始挖掘你的独特之处，找出让你与众不同的地方，然后将其写下来贴在你能看到的地方，关注它并为此爱你自己，不管别人怎么想，这就是勇敢的精髓。

贴心小提示

你想要你的生活更刺激，精神上和物质上都更充实吗？可能你需要学会变得大胆，以下是一些建议：

1. 制订行动计划

列出你一直想做，但由于一些原因一直没做的事。假设你总是想出国旅游，但找了很多借口未成行。那么再接下来的6个月至1年的时间里设定旅游的目标。写下所有你认为你不能做到的理由，然后想出怎样击破各个借口。

2. 多设几个假设

决定你想要具备哪种新的性格特征。比如更加外向，找出一些具备这个特征的人，然后要么模仿他们，要么要他们指导你。

比如，向一个陌生人询问路线或者在小卖部那里能找到某个物品。改日，在一个聚会上，主动向你想要认识和进行交谈的人打招呼。留意当每天采取小行动后自信心怎样一点一点增强。

3. 改变你的风格

无论你将通过衣服或发型来改变形象，或是改变说话、走路或与人打交道的方式，形成你认为是大胆的新风格。如果你外表看起来非常好并且感觉很自信，那么你内心的自信感也会增强。

如果你总是穿黑色和白色，考虑往你的衣柜里增加点颜色。如果你说话总是很温柔缓慢，试着说话更大声、更快，看看你是否感到更大胆！

4. 冒一定的危险

走出你的"温柔乡"，做一些不像你个性的事。大胆的人都是勇敢的，变得大胆一般意味着拓展自我并放弃过去。

大胆意味着不断尝试，可能是去新的地方吃饭度假，或者交一些与你现在生活圈完全不同的朋友。你不仅会让你的朋友和家人感到惊奇，同时也会让你自己感到惊奇。

果断才能改掉拖延的毛病

拖延是有碍成功的一种恶习，是对生命的浪费，只有果断干练，才能避免陷于拖延的深渊。须知，上天总是把机遇送给果断而行的人。所以，成功需要你改变拖延的恶习，培养果断的作风。

1. 认识果断的重要性

计谋之成，决心之下，速度之快，我们只有达到这样的坚决果敢，才能稳操胜券。

对于任何事物不能过分患得患失、优柔寡断，或者前怕狼后怕虎，那就会什么事情也办不成，只有果断才能提高办事的效率。

做人做事，就要果断一些，特别是对于我们思想成熟的成年人而言。假如说，我们做人做事，都是那么犹犹豫豫，或是疑神疑鬼的，那么，我们肯定做不成什么大事。

果断就要洒脱。如果我们无论做任何事，都能以一种洒脱傲然的态度去面对人生中所遇到的所有风雨的话，那么，我们就一定是个坚强无比的人。

果断就要拿得起，就要放得下。一旦拿起来了，就要懂得如何放得下。拿得起是一种功力，放得下是一种修养。

拿起与放下是生命中最重要的修养之一，我们只有果断清醒地放下应该放下的，随和且随缘地看待人生旅途中利害得失、祸福变故，接纳和融合所遇到的一切，才能腾出生命的空间，享有所拥有的一切。

我们的成功与自己善于抓住有利时机、果断做出决策休戚相关。不管事情大小，果断出击总比怨天尤人、犹豫不决好。

果断决策、决不拖延是成功人士的作风，而犹豫不决、优柔寡断则是平庸之辈的共性。由此可见，不同的态度会产生不同的结果，如果你具备了果断决策的能力，必然会在激烈的竞争中，创造出辉煌的业绩。所以，只要你现在去除犹豫不决的工作态度，果断采取行动，就能达到你预期的目的，你也会不断地走向成功。

如果你想养成果断决策的习惯，就要从现在开始。

2．做到果断的方法

意志不坚定和优柔寡断，对于我们来说，实在是一个致命的缺陷。有这种弱点的人，就不可能有坚强的毅力。

那么我们平时如何做到果断呢？

（1）做好准备

在你决定某一件事情之前，你应该对各方面的情况有所了解，你应该运用全部的常识和理智慎重地思考，给自己充分的时间去想问题。一旦做好了心理准备，就要果断决定，一经决定，就不要反悔。

（2）马上行动

如果发现好的机会，你就必须抓紧时间，马上采取行动，才不至于贻误时机。不要对一个问题不停地思考，一会儿想到这一方面，一会儿又想到那一方面。你该把你的决定，作为最后不变的决定。这种迅速决断的习惯养成以后，你便能产生自信。如果犹豫、观望，而不敢决定，机会就会悄然流逝。

（3）见机行事

当好机会出现时，要敢于抓住时机，扭转航向。在职场能成功的人，就是在面对抉择时，能够沉着、客观、冷静地分析各种情况并能够果断决策的人。

（4）敢于冒险

有时，在两难的情况下做出决策确实不容易。但是，不管是对还是错，你一定要速做决定。因为你必须采取行动。

（5）放开思想

学会在做决定时抛开僵化的是非观念，那你就会轻而易举地做出决定。你不应将各种可能的结果看作对的或错的、好的或坏的，甚至不应该视为更好的或更差的。

各种选择的结果只是不同而已，没有对错的区别。只要你不再采用自我挫败性的是非标准，你就会认识到，每当你做出不同的决定时，你只是在权衡哪一种结果会更好。

倘若你事后后悔自己的决定，并且认识到后悔是浪费时间，下一次你就会做出不同的决定，以达到你的期望。但是无论如何，你绝不要以"正确"或"错误"来形容自己做出的决定。

（6）不怕错误

果断决策难免会发生错误，但是，这无疑比那些犹豫者做事迅速，犹豫者根本就不敢开始工作。而且，就你由此所得到的自信力，可被他人所依赖的信赖感等来说，要比丧失决策力有价值得多。不做决定，你就会失去向失败挑战的勇气和决心。

当然，这种在两难中做出选择的勇气必须伴随着看清问题的敏锐洞察力。如果没有经过思考，没有看清问题，不顾后果，以为即使下错决定也无所谓，那就很危险了。没有经过慎重思考就盲目决定的勇气只不过是匹夫之勇而已。

良机已经出现，我们还在迟疑什么呢？赶快出击！

贴心小提示

你是个果断、干练的人吗？面对重要问题，你能迅速做出结论、果断地拿出解决方案吗？现在请你以"是"或"否"回答下面问题，请在8分钟之内完成。

1. 你能在一个待了多年的岗位上，很快地适应与以前有很大变化的新规章、新安排吗？

2. 到一个新的工作环境中，你能尽快熟悉并融入其中吗？

3. 假设你对某问题的认识与领导意图相背，你会直言相告吗？

4. 如果有一份待遇更好的工作，你会毫不迟疑地放弃现在的工作吗？

5. 工作中出现失误，你会千方百计地掩饰并拒绝承认是自己的问题吗？

6. 你能直接说出拒绝某事的目的和原因，而并不试图以谎话掩盖真相吗？

7. 经过深思熟虑之后，你会推翻或改变以前对某些事物的看法和判断吗？

8. 在未被允许前，你会以自己的想法修改你正在浏览的别人的文章吗？

9. 你会购买你很喜欢，但对你并没有实际用处的物品吗？

10. 在重要人物或领导的劝告下你会改变你的想法或做法吗？

11. 你是否会在休假前一星期就做好了度假计划？

12. 你能做到永远对自己说的话负责吗？

计分标准

以上题目中，1、3、7、12题回答"是"得3分，回答"否"得0分；4、6、8题回答"是"得2分，回答"否"得0分；2题回答"是"得4分，回答"否"得0分；5题回答"是"得0分，回答"否"得4分；9题回答"是"得0分，回答"否"得2分；10题回答"是"得0分，回答"否"得3分；11题回答"是"得1分，回答"否"得0分，然后计算总分。

测试结果：

0~9分：你很不果断，遇到任何事你都不能在较短时间内做出判断，即使你才华横溢，也难有施展的地方，缺乏魄力成为你为人处世中最大的障碍。

10~18分：你能够在一定程度上做出决断，但极其小心慎重，不过若遇到需马上决定的大事时，你也不会迟疑，在你身上慎重并不代表犹豫。

19~28分：你是个十分果断的人。你在思考问题时，有较强的逻辑性和连贯性，再加上你的经验，你可以非常迅速地对突发事件做出判断，并采取有效的解决办法。你很自信，一旦下定了决心就会坚持到底，但你并不一意孤行，发现错误也能及时回头。

29分以上：你已经果断到近似武断了，你认为自己无所不能，唯我独尊。如果你处在领导岗位上，那这样的做法对你显然很不利，你必须改变这种工作作风。

学会灵活做事才能人生畅通

不少人在做事的时候，喜欢坚持成见，不懂变通，这就容易在成功之路上遭受挫折。所以我们要学会灵活做事，这样才能路路畅通，让自己更容易走上成功之路。

1. 认识灵活做事的重要性

固执己见似乎让人感到个性，但更多时候给人的感觉是顽固不化。太固执的人总会自以为是，很轻易地得出一个结论后，就认定是最终真理，别人如果有不同看法，就肯定是他那里出问题了。

太固执的人也很容易轻视别人，否定别人。太固执的人常常刚愎自用。三国名将关羽之所以最后败走麦城，被俘身亡，最大的一个原因就是固执。

太固执的人不易接受新事物。总认为自己的一套是最佳的，对新事物其实根本不了解，但却煞有介事地说出一大堆凭空想象的局限和不足，俨然像个专家。

太固执的人没有好的人缘。要想改变这种毛病，首先得试着去理解人，从别人的角度来考虑问题。在不了解一个人或一样东西之前，别妄下结论。

开动脑筋，试着换种方法，你会感觉豁然开朗。有了这种换条路的思考方式，你会发现很多方法。

聪明人总在想着如何"偷懒"，别人做这件事花了300元钱，我能不能少花些，别人做这件事用了两天，我能不能只用一天半。

办法是人想出来的,即使你比别人笨一些,只要你多花些时间去想,就可能做得比其他人更好。

2. 提高灵活做事能力的方法

整个世界都处于变化之中,我们做事的时候也要懂得随机应变,这样才能把握机会,逢凶化吉,转难为易,若不知道应变,则往往会碰得鼻青脸肿、头破血流。

那么我们该如何提高自己灵活做事的能力呢?

(1)克服固执

固执的人,大多都是一些思想狭隘、看问题片面者。

固执的人,大多都是顽固的人。这与为达到目的而"百折不挠""坚持到底"的精神有本质的区别。

要知道,固执既不是顽强的表现,也不是自信的象征。它对人际交往是有害无益的。

因固执可造成朋友分手、夫妻不和、父子反目,如果不及时克服,久而久之还会发展成"偏执狂"。

另外,固执者不惜一切代价所要达到的目的,往往在客观上是不正确的、不合理的,因此,非常荒唐可笑。应积极克服固执观念,促进心身健康。

要克服固执心理,就要加强学习,提高修养。丰富的知识能使人聪明,思路开阔,遇事不致陷入教条和陈俗陋习之中。

(2)学会尊重

要严于律己,宽以待人。要学会尊重别人。不要计较微不足道的小事。

(3)情趣高尚

我们要克服虚荣心,培养高尚的情趣。因为谁都会有缺点和错误,我们当然也不例外。这是客观事实，我们不要隐瞒和掩饰，要敢于承认错误。这样不仅不会降低威信，相反会提高威信。

（4）自我调控

我们要加强自我调控，善于克制自己。自己的抵触情绪、无礼的言行和欲望要善于控制，不要顽固坚持自己的观点。

（5）接触新事物

养成善于接受新事物的习惯。固执常与思想狭隘、不喜欢接受新事物等有关。因此，不断学习新知识，接触新人新事，可帮助克服固执心理。

（6）勤于实践

我们平时可以多参加富有挑战性的活动，遇到各种各样的问题和实际困难，努力去解决问题和克服困难的过程，就是增强应变能力的过程。

（7）扩大交往

无论是家庭、学校还是小团体，都是社会的一个缩影，在这些相对较小的范围内，我们会遇到各种依靠应变能力才能解决的问题。因此，只有首先学会应对各种各样的人，才能推而广之，应对各种复杂环境。

只有提高自己在较小范围内的应变能力，才能推而广之，应对更为复杂的社会的问题。实际上，扩大自己的交往范围，也是一个不断提高应变能力的过程。

我们要多与勤奋好学、谦虚谨慎、品德优良、灵活性强、随和的人交往，少与固执的人交往，以防互相影响，使双方变得更加固执。

（8）保持冷静

加强自身的修养，应变能力高的人往往能够在复杂的环境中沉着应战，而不是紧张和莽撞行事。在工作、学习和日常生活中，遇事冷静，学会自我检查、自我监督、自我鼓励，有助于培养良好的应变能力。

（9）改掉坏习惯

假如我们遇事总是迟疑不决、优柔寡断，就要主动地锻炼自己分析问题的能力，迅速做出决定。假如我们总是因循守旧，半途而废，那就要从小事做起，努力控制自己，改掉不良习惯。

贴心小提示

你做事的时候是灵活还是固执呢？现在我们一起来做一个测试吧！每题只能选一个选项，然后将分数加起来，看看总分是多少，就能大致了解你的应变能力。

1. 你骑车闯红灯，被警察叫住；后者知道你急着要赶路，却故意拖延时间，这时你怎么办？

（1）急得满头大汗，不知怎么办才好

（2）十分友好地、平静地向警察道歉

（3）听之任之，不做任何解释

2. 在朋友的婚礼上，你未料到会被邀请发言，在毫无准备的情况下，你怎么办？

（1）双手发抖，结结巴巴说不出话来

（2）感到很荣幸，简短地讲几句

（3）很平淡地谢绝了

3. 你在餐馆刚用过餐，服务员来结账，你忽然发现身上带的钱不够，此刻，你会怎么办？

（1）感到很窘迫，脸发红

（2）自嘲一下，马上对服务员实话实说

（3）在身上东摸西摸，拖延时间

4. 假如你乘坐公共汽车时忘了买票,被人查到,你会怎么办?

(1) 尴尬,出冷汗

(2) 冷静,不慌不忙,接受处理

(3) 强作微笑

5. 你独自一人被关在电梯内出不来,你会怎么办?

(1) 脸色发白,恐慌不安

(2) 想方设法出去

(3) 耐心地等待救援

6. 有人像老朋友似的向你打招呼,但你一点也记不起对方是谁,此时你怎么办?

(1) 装作没听见不搭理

(2) 直率地承认自己记不起来了

(3) 朝对方瞪瞪眼,一言不发

7. 你从超市里出来,忽然意识到你拿着忘记付款的商品,此时一个保安人员朝你走过来,你会怎么办?

(1) 心怦怦跳,惊慌不断

(2) 诚实、友好地主动向他解释

(3) 迅速回转身去付款

8. 假设你从国外回来,行李中携带了超过规定数量的烟酒,海关人员要求你打开提箱检查,这时你会怎么办?

(1) 感到害怕,两手发抖

(2) 泰然自若,听任检查

(3) 与海关人员争辩,拒绝检查

现在我们开始计算一下你的分数吧!选(1)得0分,选(2)

得5分,选(3)得2分。

测试结果:

0~25分,说明你承受力比较差,很容易失去心理平衡,变得窘促不安,甚至惊慌失措。

26~32分,说明你的心理素质比较好,遇事一般不会十分惊慌,但有时往往采取消极应付的态度。

33~40分,说明你的心理素质很好,几乎没有令你感到尴尬的事,尽管偶尔会失去控制,但你的应变能力很强,是一个能经常保持镇静、从容不迫的人。

冒险不等于莽撞和失控

冒险不等于莽撞和失控,冒险和成功常常是相伴的。纵观历史,我们就会发现:如果缺乏冒险精神,就会失去许多成功的机会。

1. 认识冒险精神的真实意义

回首人类嬗变演进的历程,如果我们的祖先没有冒险和想象,没有勇于创新和敢于牺牲的精神,人类就不会用独木舟去冲浪大海,去探索无穷的奥秘。

人类的好奇,产生了冒险的冲动;人类的冒险,点燃了文明的火炬。

首先我们要了解一下,什么叫冒险精神?

从当今社会视角来看,冒险已是人类的进化与活力的象征。

人与动物的区别,不仅仅在于有没有梦想,更重要的是创造性,有冒险天性和超越自我的能力!

冒险不等于莽撞和失控。21世纪的人们,更注重科学性、规律性和创造性。

我们反对一切不讲科学、违反规律，无视教训、危害生命的冒险。倡导在科学思维上建构与壮大的冒险精神。这种精神必须给人以尊严，善待生命，这是不可动摇的前提。否则，所谓冒险精神，便成了一种变态恐怖和自我毁灭的思想基础。所以现代人的冒险精神，也是文明进程的正向推动，在现代城市中，冒险是成功者的利器，是文明群体不可缺乏的活力资源。

冒险在现代社会中，同时包含着一种道德观念和生活态度。在几十亿人口共存的地球上，充斥着各种意识形态和生活需求的竞争。敢不敢去冒险，敢不敢于在风险中从容应对，险中取胜，已成为现代人的必要答题。

冒险精神不可忘，城市活力需要它！我们当然应该正视风险，又善于化解风险，敢于搏击风险，又能聪明地避开风险。让我们高歌一曲"大自然没有坏天气，风霜雪雨都是太阳的赐予"，我们会生活得更快乐、更坦荡、更坚强、更精彩。

2．培养冒险精神的方法

具有冒险精神就是要大胆、勇敢、不惧怕、自信和自我肯定。冒险精神增加了我们生活的勇气和信心，增加了我们对于成功的体验。

那么我们该如何让自己具有冒险精神呢？

（1）树立自信

自信自立是我们增强冒险精神的前提。要知道，每增加一分自信，我们就会多一分冒险的勇气。特别是在恐惧面前，我们要多想克敌制胜的长处，多回忆自己努力后成功的事例，这样就能勇敢地前进。

（2）勤奋苦练

我们要时刻牢记，冒险精神不是鲁莽从事，否则只能是自取灭亡。我们要注意在日常训练中要对疑虑不解的问题耐心地找出正确的答案，变疑虑为了解，增强制胜心理，从而做到成功地冒险。

当我们知识完备的时候，冒险的时候心理也就有了底，也才能最大程度地发挥出自己的潜能。

（3）学习他人

榜样的力量是无穷的，我们要善于用英雄人物勇敢无畏的精神激励自己，相信世界上没有克服不了的困难、没有战胜不了的恐惧，从而在平时的训练和生活中勇敢地面对恐惧、战胜恐惧。

（4）心底无私

无私才能无畏，我们不能处处时时都以自己的利益为出发点，那样不可能无畏。

（5）磨炼自己

性格坚强的人才会勇敢，所以我们平时要注意在艰苦的环境下磨炼自己的性格，学会吃苦耐劳，不能娇惯自己。

（6）提高道德修养

要注意培养我们的社会公德意识和正义感，是非分明，爱憎分明，明白哪些事情是值得自己出力出汗甚至献身的，哪些事情是不值得做的。

这样，你的冒险精神才能用对地方，才会为正义、为社会、为大众激发出勇气，并大胆行动。

贴心小提示

你是一个敢于冒险的人吗？现在我们来一起做一个测试吧！看看你的冒险精神有多强！

回答问题时，除了已经指出的条件，你不必考虑可能影响做出决定的具体环境和细节。

每个问题有五种选择，你从中任选一个："是""倾向于是""不置可否""倾向于否""否"。

1. 电梯的载重量只限6个人，你敢和另外7个人坐这个电梯吗？

2. 惊马狂奔，你敢抓住它的缰绳吗？

3. 假如驯兽师事先告诉你保证安全，你敢和他一道进入关着狮子的铁笼吗？

4. 外出旅行，驾驶汽车的是你熟悉的司机，不久前他出过严重的车祸，你敢坐他的车吗？

5. 上司告诉你裸露的高压电线里没有电流，并让你用手去触摸它，你敢这样做吗？

6. 河水非常冰冷，你敢第一个下水泅渡吗？

7. 在时速100千米的火车上，你敢立在车厢门口的踏板上吗？

8. 听过几次驾驶直升机的技术讲座，你认为你有把握驾机飞行吗？

9. 久病卧床需动手术，而手术有生命危险，你同意这样治疗吗？

10. 没有经过训练，你敢驾驶帆船吗？

11. 站在10米高的楼房上，下面是张开的消防救护帆布大篷，你敢往下纵身一跳吗？

12. 在有专门技术的工人带领下，你敢爬到工厂里高大的烟囱上去吗？

现在来计算一下你的分数吧!

选"是"得5分,选"倾向于是"得4分,选"不置可否"得3分,选"倾向于否"得2分,选"否"得1分。

你得了多少分呢?

假如你的总分在50分以上,那么你就是一个敢冒风险的人。

假如总分数在25分以下,说明你过于谨慎,不敢冒险!

第四章 自信与自强的心理作为

自信即是肯定自己，自强即是设法让自己变得日益强大。拥有自信，才能实现自强，才能走向成功的巅峰。因此，自信是万事成功的基础。

即便你才智平庸，只要你有坚强的自信做后盾，你一样可以成为百花园里的一朵奇葩；如果你缺乏自信与自强，即使有再高的天分、再强的能力，成功对你来说也只是湖面上的那轮明月。

可以说，自信在我们取得成功的过程中起着至关重要的作用。朋友，让我们满怀信心地向着辉煌的未来远航吧！

自信是成功的第一要诀

爱默生说:"自信是成功的第一要诀。"一个人只有使自己自卑的心灵自信起来,弯曲的身躯才能挺直。有道是,心态决定一切,你的态度不仅决定着每一件具体的事情的结果,更决定你将面临一个什么样的命运。只有拥抱自信,成功才真正属于你。

1. 认识自信的重要意义

在社交中,许多人缺乏自信心。当我们受到周围人的轻视、嘲笑或侮辱时,我们更加没有自信,甚至以畸形的形式,如嫉妒、暴怒、自欺欺人的方式来表现自己的自卑心理。

我们要学会自信,自信就是我们自己信得过自己,自己看得起自己。

我们常常把自信比作发挥能动性的燃料,启动聪明才智的马达,这是很有道理的。我们要确立自信心,就要正确评价自己,发现自己的长处,肯定自己的能力。

尺有所短,寸有所长,我们每一个人都是平等的,只是分工不同。

我们每个人都有自己的长处和优点,以己之长比人之短,就能激发自信心。我们要学会欣赏自己,表扬自己,把自己的优点、长处、成绩、满意的事情统统找出来，在心中炫耀一番，反复刺激和暗示自己。

当然自信不是让我们孤芳自赏，也不是让我们夜郎自大，更不是让我们得意忘形，而是激励我们自己奋发进取的一种心理素质，是以高昂的斗志、充沛的精力迎接生活挑战的一种乐观情绪，是战胜自己、告别自卑、摆脱烦恼的一种灵丹妙药。

2．提高自信的方法

请记住一句话：没有永远的困难，也没有解决不了的困难，只是解决时间的长短而已。困难与人生相比，它只不过是一种颜料，一种为人生增添色彩的颜料而已。

当你遇到困难的时候，不要逃避或是借酒消愁，只要你对自己有信心，什么困难都难不倒你。

那么我们如何才能提高自己的自信心呢？

（1）克服自卑

我们首先要克服自卑的心理，才可能树立自信心。别的人能行，我们也能行，只要努力，方法得当，那么什么事都能办到的。

我们应该正确分析自己的自卑感形成的原因，然后对症治疗。如果是家庭环境造成的，我们就应该告诉自己，长辈的挫折不能传递给我们。作为一个正直的人，应该开拓新的人生道路，而不应该总是心灰意冷地龟缩在长辈们留下的阴影里。

如果是因为父母错误的教育方式造成的，你就应该树立起自信心，通过自己的努力和勤奋证明自己与别人一样，有头脑、能干，同样可以像别人一样取得成功。

（2）认清自己

为什么要沉迷于自己失败的一面呢？没有一个人是完美的，但是每个人都有自己优秀的地方。要为你拥有的特长和优点感到自豪。

（3）朋友帮助

我们要有意识地选择与那些性格开朗、乐观、热情、善良、尊重和关心别人的人进行交往。在交往的过程中，你的注意力会被他人所吸引，会感受到他人的喜怒哀乐，跳出个人心理活动的小圈子，心情也会变得开朗起来，同时在交往中，能多方位地认识他人和自己，通过有意识的比较，可以正确认识自己，调整自我评价，提高自信心。

（4）暗示自己

我们要不断提高对自我的评价，对自己做全面正确的分析，多看看自己的长处，多想想成功的经历，并且不断进行自我暗示和自我激励："我一定会成功的。""人家能干的，我也能干，也不比他们差。"经过一段时间锻炼，自卑心理会被逐步克服。

（5）体验成功

我们要想办法不断增加自己成功的体验，寻找一些力所能及的事情作为试点，努力获取成功。如果第一次行动成功，使自己增加了自信心，然后再照此办理，获取一次次的成功，随着成功体验的积累，你的自卑心理就会被自信所取代。

（6）昂首挺胸

遇到挫折而气馁，垂头是我们失败的表现，是没有力量的表现，是丧失信心的表现。成功的人，得意的人，获得胜利的人总是昂首挺胸，意气风发。昂首挺胸是我们富有力量的表现，是自信的表现。

（7）行走有力

心理学家告诉我们，懒惰的姿势和缓慢步伐，能滋长人的消极思想，而改变走路的姿势和速度可以改变心态。

（8）坐在前面

坐在前面能建立我们的信心，因为敢为人先，敢于人前，敢于将自己置于众目睽睽之下，就必须有足够的勇气和胆量。久而久之，我们的这种行为就成了习惯，自卑也就在潜移默化中变为自信。

另外，坐在显眼的位置，就会放大我们在领导及老师视野中的比例，增强反复出现的频率，起到强化自己的作用。把这当作一个规则试试看，从现在开始就尽量往前坐。虽然坐在前面会比较显眼，但要记住，有关成功的一切都是显眼的。

（9）正视别人

心理学家告诉我们，不正视别人，意味着自卑。正视别人则表露出的是诚实和自信。同时，与人讲话看着别人的眼睛也是一种礼貌的表现。

（10）当众发言

当众发言是我们克服羞怯心理、增强自信心、提升热忱的有效突破口。这种办法可以说是克服自卑的非常有效的办法。

想一想，你的自卑心理是否多次发生在这样的情况下？你应该明白：当众讲话，谁都会害怕，只是程度不同而已。所以你不要放过每次当众发言的机会。

（11）善于表现

心理学家告诉我们，有关成功的一切都是显眼的。试着在你乘坐地铁或公共汽车时，在较空的车厢里来回走走，或是当步入会场时有意从前排穿过，并选前排的座位坐下，以此来锻炼自己。

（12）保持微笑

没有信心的人，经常眼神呆滞、愁眉苦脸，而雄心勃勃的人，则眼睛总是闪闪发亮、满面春风。

我们人的面部表情与人的内心体验是一致的。笑是快乐的表现。笑能使我们产生信心和力量，笑能使我们心情舒畅、精神振奋，笑能使我们忘记忧愁、摆脱烦恼。

学会笑，学会微笑，面对挫折时学会微笑，就会提高我们的自信心。

对着镜子笑一笑，人生是积极的。给自己一个笑脸，不要对生活感到怜悯，也不要厌恶或者轻视自己。常常对镜子笑一笑，让你感到更快乐更自信。

（13）展示自己

展现自己优秀的一面。让别人认可你，你的自信就会慢慢提升，所以去展现你自己的才艺和优点。朝着自己热情的方向前进，培养多一些爱好，多交一些良友，你会变得自信满满。

（14）设定目标

设定一个目标，专注其中。并且做好充分的准备，这样更容易让你达到目标。要经常鼓励自己，因为你就要成功了！

（15）不怕失败

只有弱小的自卑者才会盯着自己的失败和缺点不放手，他们逃避现实，不敢自我肯定。有句名言说"现实中的恐惧，远比不上想象中的恐惧那么可怕"，所以敢于面对挑战，鼓起勇气，多试几次，你的自信心就会慢慢高涨起来。

（16）制定规则

给自己一点压力，制定一些规则，遵守这些规则。在参加生存训练时，就这么对自己说：不管怎么样的活动，什么都尝试一遍。结果可想而知，不仅享受了其中的乐趣，还提高了自己的自信心。所以为自己定下规则，遵守规则和自我信赖，随着时间的推移你的信心就会成为你的勇气和力量。

贴心小提示

朋友们，自信是成功的基石。也许你现在还不够自信，现在告诉你怎么做！

首先对自己抱有希望。如果你连使自己改变的信心都没有，那就不要再向下看了！

表现得自信十足，这会使你勇敢一些。想象你的身体已接受挑战，显示自己并不是很害怕。

停下来想一想，别人也曾面对沮丧和困难，却克服了它们，别人既然能做到，当然你也能。只有想不到的事情，没有干不成的事情。

克服局促不安与羞怯的最佳方法，是对别人感兴趣，并且想着他们，然后胆怯便会奇迹般消失。为别人做点事情，举止友好，你便会得到惊喜的回报。

只有一个人能治疗你的羞涩不安，那便是你自己。没有什么方法比"忘我"更好。当你感觉胆怯、害羞和局促不安时，立刻把心思放在别的事情上。如果你正在演讲，那么除了讲题，一切都忘了吧！切莫在意别人对你的看法。忘记自己，继续你的演讲。

只要下定决心，就能克服任何恐惧。请记住：除了在脑海中，恐惧无处藏身。害怕时，把注意力放在必须做的事情上。如果准备充分，便不会害怕。

积极的心态使人心想事成

心态是一股强大的力量，决定着人的情绪和意志，决定着行为和质量。我们每天生活在自己的情绪之中，千万不要小看其中那些积极的情绪，它会在无形中给我们带来意想不到的结果。可以说，拥有积极的心态是人们迈向理想与成功之路不可或缺的要素。

1. 了解积极心态的重要性

有两个人从铁窗朝外望去，一个人看到的是满地泥泞，另一个人看到的却是满天繁星。能看到每件事情的好的一面，并养成一种习惯，还真是千金不换的珍宝。

世界上到处都有生活态度消极的人。确实，生活并不是对每个人都很完美，但抱怨实际上没有任何作用。有些人说在抱怨后会感觉舒服些，真的如此吗？

实际上，生活是否快乐，很大程度上取决于我们看事情的态度。忽视不好的事情，反而会保持眼睛发亮。总是处于一种消极生活态度，不会出现好事情。我们只有每天专注于积极的事情，保持积极的心态才会过上幸福生活。

积极的心态，包含触及内心的每件事情：荣誉、自尊、怜悯、公正、勇气与爱。

积极的人在每一次忧患中都看到一个机会，而消极的人则在每个机会都看到某种忧患。

你改变不了事实，但你可以改变态度；你改变不了过去，但你可以改变现在；你不能控制他人，但你可以掌握自己；你不能预知明天，但你可以把握今天；你不可以样样顺利，但你可以事事顺心；你不能延伸生命的长度，但你可以决定生命的宽度；你不能左右天气，但你可以改变心情；你不能选择容貌，但你可以展现笑容。

积极的人像太阳，走到哪里哪里亮，消极的人像月亮，初一十五不一样。快乐的钥匙一定要放在自己手里，一个心灵成熟的人不仅能够自得其乐，而且，还能够将自己的快乐与幸福感染周围更多的生命。

人生之中，无论面对什么，我们都要相信愿望会实现，有了这样的信仰，每天就能保持一颗开朗的心，用笑容去迎接每一天！世上没有幸福和不幸，有的只是境况的比较，唯有经历苦难的人才能感受到无上的幸福。

2. 认识积极的心态

我们积极的情绪和心态可分为几大类，如热情、毅力、快乐、奉献、爱等。

（1）热情

热情是我们做事情必须拥有的心态。热情会让我们的生活变得多姿多彩，因为它具有伟大的力量，能将困难转化为机会，也能鼓动我们以更快的步伐迈向我们的目标，更能给我们巨大的动力来面对接踵而至的坎坷。因此培养一个人的热情比培养其他的技能还要重要。

我们可以用我们的表情来培养我们的热情。比如讲话要有力，目光尽量长远一些，以更大的决心去追求自己的人生目标。我们不能得过且过，采取一种混日子的方式来对待生活和工作。如果大家都做一天和尚敲一天钟的话，世界将会是一片荒凉的沙漠。

（2）毅力

在这个世界，不管做什么事情，都不是一帆风顺的，如果没有毅力，就不可能有值得让人们怀念的事迹，也就根本没有成功可言。毅力是我们在面对困难、失败甚至是诱惑时的一种态度。

如果我们想做一番事业，即便是做一件很小的事情，想把它做好，也得依靠毅力来支撑整个过程。

而单单依靠一时的热情是不可能完成的，就如同蜘蛛结网一样，需要一步一步努力地把丝线拉到对面的屋檐上，更需要一次次重复这种动作的毅力，因为那是我们产生动力的源头，它能把我们推向我们想追求的目标。

（3）信心

我们所需要的信心并不是一时的头脑发热，更不是一种无谓的冲动，而是一种不轻易动摇的信心。这才是我们每个人所向往的，因为我们都懂得，打败自己的人往往不是对手，而是我们自己。所谓的成功者也不是真的身怀绝技，而是善于发现自己的长处与优势，保持良好的自信心。

（4）快乐

这里说的快乐不是表面的快乐而是内心的快乐。它不仅要求在外表有所表现，更要在心理上保持这种快乐的心情。这种快乐不仅在脸上，更要在心里。能对人生充满希望也能给周围的人带来同样的快乐。不管命运有多少坎坷，我们如果有好的心态去面对，也就能一直保持微笑的面孔于每一天的生活中。

当然在有收获或者是幸福的时候，我们能知足也是一种快乐。即便是粗茶淡饭，即便是茅屋石头床，只要能有这种感恩的心态，那么我们永远都是幸福而快乐的。

（5）奉献

如果我们想要得到周围人的肯定，那唯一能做的就是对周围人有所帮助，对这个社会有所贡献。即便是举手投足之劳，只要能表示你作为社会的一分子的奉献，也就足够了。

每天说一些、做一些使他人感到舒服的话或事，也可以利用电话、明信片等一些媒介表达一下。对身边的亲人、朋友来一个和悦的微笑，做一个善意的动作，他们感到快乐。你也会很快乐。

只要我们坚持日行一善，即便是扫扫地也可以肯定我们的自我价值。如果我们所做的事情，不仅能丰富我们自己的人生，同时还可以帮助别人，那种心情是再好不过的了。

人生的秘诀就在于奉献，独善其身并兼济天下才是人生真正的意义，这种精神不是金钱、名誉、夸奖所能比拟的。这种人生观是无价的，也是人人所敬佩的。

（6）爱心

爱是世界上最伟大的感情，任何邪恶的东西遇到爱，都会像冰雪遇到火焰一样很快消融。

如果我们能保持爱心，那日后我们将变成世界上最有影响力的人之一。如果我们想要在事业上有所成就，就不能做一个冷冰冰的人。

我们应该承认，爱是我们生理和心理疾病的最佳药物，它不仅会改变并且能调适我们体内的生理激素，有助于我们表现出积极的心态。爱也会在无形中扩展我们的包容力。因此接受爱的最好方法就是付出我们自己的爱。

（7）感恩

感恩是一切情绪中最具威力的情绪之一。它往往以一种爱的形式来表现，一个拥有积极心态的人常常通过他的思想和行动，主动表达出自己的感恩之情，包括上天恩赐给他的、人们给予他的、人生所经历的一切，并且在感恩的同时珍惜生命，善待他人。

感恩在愉悦我们心情的同时，能让我们感到知足。不管别人给予了我们什么帮助，我们都要去感恩，即便是小小的一个微笑，我们也应该懂得去回报。这样，生活也就变得五彩斑斓。

（8）好奇

如果我们想在事业上永远成功，那么在成功的路上，必然少不了好奇心。

一个有着积极心态的人绝对缺少不了好奇心，因为健康的好奇心会帮助我们消除无知，更可以改变一个人的思维模式，达到"柳暗花明又一村"的效果，往往成功的契机就隐藏在这里。因此一个想要成功的人，好奇心必不可少。

（9）弹性

弹性是指我们为人做事不死板，要懂得为自己留有余地。因为要保证任何事情能够成功，保持弹性的做事方法是绝对必要的。弹性的生活会让人感到快乐。

毕竟在我们的人生中，有很多事情都是无法预测的，甚至所发生的事情都是无法控制的。这时就需要这种弹性，芦苇就是因为弯下了腰，所以才能在狂风肆虐中生存下来。

（10）活力

活力不仅仅表现的是行动的敏捷、身体的健康，更重要的是一种心理上的青春与朝气。我们有活力的人，不管年纪有多大，甚至是耄耋之年，也能和年轻人一样，表现得很有青春活力。

保持一副朝气蓬勃的样子，不仅仅是指身体健康，更是指一种情绪上的积极状态。我们的一切情绪对身体的健康都有很大关系。

要保持一种有活力的状态，运动是比较直接的方法，也是比较有效的方法。因此使自己多多活动以保持自己的健康状态，毕竟生理上的疾病很容易造成心理上的失调，你的身体要和你的思想一样保持活动，以维持积极的行动。

3．培养积极心态的方法

积极的人生态度，是迈向美满成功的跳板。人生的方向是由态度来决定的。积极心态对于我们的成功非常重要，那么，我们该如何培养积极的人生态度呢？

（1）心情愉悦

早晨，如果在愉快、积极的气氛中醒来，加上潜意识的作用，一天的心情都会感到舒畅。若因无谓的事而烦恼、不愉快时，应赶紧纠正。

（2）心胸宽广

走路时，不要两眼看着地面，应该抬头挺胸，昂首阔步，决不可妄自菲薄。要去除孤立的心态，毅然走出象牙塔，融入社会，这样就会看到充满幸福、亲切、爱情、希望的美好事物。这时你会发现，在污秽的街上居然长着一棵漂亮的树，街角的修鞋匠雄心勃勃、充满希望，即使老找你麻烦的上司也有他好的一面，一切都那么美好。

（3）积极进取

振作精神，无论多困难的工作，都有解决的办法，不可推脱敷衍，不可怕麻烦，不要把时间浪费在无谓的担忧上，不要替自己找寻借口。要知道，成功的哲学在于天下无难事。

（4）接受批评

假如做了错事，没有必要因此捶胸顿足，不要气馁。事情没做好，用不着找借口，这样做并不能改变事实，而应力求下一次把事情做得更好。为此应该接受别人善意的批评，把它看成一种激励，不应心存芥蒂，产生抵触情绪。

（5）与人为善

不要故意给人难堪，不可对人吹毛求疵，而应处处与人为善，否则别人也会给你脸色看。应去发现别人的优点，多替人着想。"与其因怀疑而招致误会，不如没有疑心而被骗"，相信别人，别人也会相信你。

（6）结交良友

人往往在不知不觉中，受到别人的影响。择友务必慎重，最应该交的朋友是有干劲、态度乐观爽朗、处事练达的人。

贴心小提示

你的心态是不是足够积极呢？现在我们来做一个测试吧！请你用"是""否"来回答下列问题，然后计算分数。

1. 一旦你下了决心做一件事，即使没有人赞同，你仍然会坚持做到底吗？
2. 如果店员的服务态度不好，你会告诉其经理吗？
3. 你常常欣赏自己的照片吗？
4. 别人批评你，你会觉得难过吗？
5. 你很少对人说出你真正的意见吗？
6. 对别人的赞美，你持怀疑的态度吗？
7. 你总是觉得自己比别人差吗？
8. 你对自己的外表满意吗？
9. 你认为自己的能力比别人强吗？
10. 你是个受欢迎的人吗？
11. 你有幽默感吗？
12. 危急时，你很冷静吗？

13. 你与别人合作愉快吗?

14. 你经常希望自己长得像某人吗?

15. 你经常羡慕别人的成就吗?

16. 你勉强自己做许多不愿意做的事吗?

17. 你认为你的优点比缺点多吗?

18. 你经常听取别人的意见吗?

19. 你的个性很强吗?

20. 你希望自己具备更多的才能和天赋吗?

现在请你给自己打分,"是"得1分,"否"不得分。你得了多少分呢?

但如果你的得分接近20分,你可能有点狂傲,你要谦虚一点,才会受人欢迎。

如果你的分数在13分至20分之间,那么说明你具有积极的心态,明白自己的优点,同时也清楚自己的缺点。

如果你的分数在6分至12分之间,那么说明你的心态比较积极,但是你仍或多或少缺乏安全感,对自己产生怀疑。你要常提醒自己,在优点和长处各方面并不比别人差,要有信心。

如果你的分数为6分以下,那说明你的心态很消极,过于谦虚和自我压抑,因此经常受人支配。

你尽量不要去想自己的弱点,先学会看重自己,别人才会真正看重你。

乐观是心胸豁达的体现

乐观是一种积极的性格，是指一个人无论在什么情况下，都能保持良好的心态，哪怕环境再恶劣，也相信坏事情总会过去，阳光总会再来。

乐观并不是一个空洞的名词，而是一种巨大的力量，它犹如一把火，可以燃起成功与美好的希望。

1. 认识乐观的重要性

乐观是一种积极的性格因素，是一种生活态度。

人的一生最重要的就是快乐！快乐是一种积极的处事态度，是以宽容、接纳、豁达、愉悦的心态去看待周围的事物。

乐观的人将人生的感受与人生的生存状态区别开来，认为人生是一种体验，是一种心理感受，即使人的境遇会受外来因素影响而有所改变，也许无法通过自身努力去改变客观存在的事实，但是可以通过自己的精神力量去调节心理状态，保持最佳的心理状态。

我们在工作和生活中，难免会遇到这样或那样的问题，现实生活不是真空，不如意的事情是难免的。生活虽然是残酷的，可路是人走出来的。穷途未必是绝路，绝处也可逢生。

比如，生活中有许多人身残志坚，在残酷的命运面前，没有沮丧和沉沦，而是以顽强的毅力和恒心与疾病做斗争，经受了严峻的考验，并对人生充满了信心，最终创造出非同一般的成就。

乐观的心态是痛苦的解脱，是反抗的微笑，是笑对人生的豁达。笑是一种心情，时时有好心情才能生活好、工作好。对于我们每个人来讲，我们在生活中都会遇到一些不如意的事情，但是我们要始终保持积极、乐观的态度，认真解决好问题，才能发现生活的乐趣。真正的乐观是朴实的、豁达的、坦诚的，与财富、权力、荣誉无关。

面对困难，我们不要退缩，我们不应该放弃；面对失败，我们不能伤心落泪；面对伤痛，我们不会让眼泪白流，我们不能因伤痛而失去勇气；面对所有事情，我们都要乐观向上。

乐观向上，是一种精力充沛、心胸豁达的体现；乐观向上，能够打败斤斤计较和患得患失的小气；乐观向上，能够甩开消沉的意志，能够克服低落的情绪和自我封闭；乐观向上，能够消除举棋不定、畏首畏尾的怯懦。

用乐观的态度对待我们的人生，可以看到鲜花；而用悲观的态度对待我们的人生，我们就只能看到悲凉。

譬如打开窗户看夜空，有的人看到的是星光璀璨，夜空明媚；有的人看到的是黑暗一片。一个心态正常的人可在茫茫夜空中看到星光灿烂，增强自己对生活的信心；一个心态不好的人会让黑暗埋葬自己且越葬越深。

用乐观的态度对待人生就要微笑着对待我们的生活，微笑是乐观击败悲观的最有力武器。无论生命走到哪个地步，都不要忘记用我们的微笑看待一切。微笑着，生命才能征服纷至沓来的厄运；微笑着，生命才能将不利于我们的局面一点点打开。

守住乐观的心境实在不易，悲观在寻常的日子里随处可以找到，而乐观则需要努力，需要智慧，才能使我们保持一种人生处处充满生机的心境。

悲观使人生的路越走越窄，乐观使人生的路越走越宽，选择乐观的态度对待人生是一种机智。

人生何处无风景，关键看保持什么样的心境。守住乐观的心境，不以物喜、不以己悲，我们就能看遍天上胜景，览尽人间春色。

人活着就是为了生活得更快乐、更幸福，而幸福的生活是要靠自己努力争取的。

我们为了追求自己的幸福，就有了为之奋斗的欲望，为了我们的人生目标，我们就必须使自己努力工作，在工作中寻找乐趣，让单调乏味的工作充满生趣，使我们无忧无虑，保持身心健康，生活得平和而安逸，快快乐乐地过好每一天。

2．保持乐观的方法

我们的成功，是有着乐观相伴的，因为乐观向上，能够使我们冲开感情的磕磕碰碰，能够使我们向最高峰高喊："我永不放弃！"一个乐观者在每种忧患中都能看到一线闪光的希望，而悲观者却在每一个机会中都只看到一种可怕的忧患。聪明的你会选择哪一个呢？

那么我们应该如何保持乐观呢？

（1）树立正确的人生观

人为万物之灵，这是因为人具有思维能力，即人所独有的极其复杂、丰富的主观内心世界，而它的核心就是人生观和世界观。

如果有了正确的人生观和世界观，一个人就能对社会、对人生、对世界上的万事万物保持正确的看法，能够采取适当的态度和行为反应，就能站得高、看得远，冷静而稳妥地处理各种问题，从而保持乐观的生活态度。

（2）不要对自己过分苛求

人的能力是由先天遗传素质或后天发展形成的，但是我们应该客观认识到，每个人的能力是有差异的，且都有一定的限度，都具有优势和劣势两个方面。

只有当我们充分了解自己的能力，才能确定适合自己的追求目标，并能通过努力最终实现预定目标。在获得成功的过程中，个人需求得到满足，个人价值就得以体现，从而进一步增强我们的自信心，并使我们的心理达到良好的状态，而目标过高必然会得到相反的结果。

（3）学会自我调控情绪

积极向上的情绪，能够使我们心情开朗、感觉轻松、心态稳定、精力充沛，对生活也能够充满热情与信心。

因此，生活中应该避免不良情绪，遇到不好的事情，就要换个方法、变个方式思考，那么，我们就将有大的收获。

（4）要向适合的对象倾诉

我们生活中难免会遇到一些挫折和痛苦，千万不能让由此产生的抑郁在心中沉积成为永远解不开的烦恼。及时向亲人、朋友等倾诉，将会获得更多的情感支持和理解，能够获得认识和解决问题的思路，能够增强克服困难的信心。

（5）积极参加集体活动

我们作为社会的一员，就必须生活在社会群体之中，通过集体活动，我们可以增强同事、朋友之间的交流、理解，并从中得到启发和帮助。搞好人际关系，可使我们的心胸开阔。

（6）善于进行人际交往

良好的人际关系，会使一个人乐观愉快。孤僻的人，不善交往的人，他们不快乐，因为他们缺乏与人沟通，不能理解和信任别人，他们缺少友谊。当他们有苦恼时没处诉说，于是只好憋在心里，从而就会感到不快乐。

(7) 积极参加娱乐活动

多参加桥牌活动、沙龙、联谊会、庆祝会等，这会使我们的心情时常保持一种最佳状态。在这些活动中，我们可以结交很多朋友，甚至会结交一些志同道合的朋友。参加这些活动也能陶冶我们的情操，使我们遇到烦事苦闷时，能转移心情和注意力。

(8) 经常主动帮助他人

自卑、孤僻的人，与乐观绝缘，因为他们时常处于一种封闭状态，他们不愿与别人交往，当然谈不上去爱别人，去帮助别人。一个人若不愿与人交往，久而久之，别人也会越来越疏远你，你就会越来越孤独，就会感到越来越不快乐。

相反，我们若时常主动去帮助他人，一方面能得到他人的感激和肯定，另一方面也能体现我们的价值，别人也愿意与我们交往，这时，我们就会感到自己是一个快乐的人。

(9) 要有宽容之心

我们时常看到这样一些人，他们说自己情绪总是不稳定、波动大，别人总喜欢与自己过不去。其实，在生活和人际交往中，难免会磕磕碰碰，因此，我们要宽容，要大事化小、小事化了。

俗话说，你敬人一尺，人敬你一丈。对于我们的宽容，大多数人是会接受，并与我们同行的。我们若不能容忍，并想办法对付和报复。这样，一报还一报，永远没完没了，我们也不会感到快乐。因此，对人要宽容一些。

(10) 要辩证地看待生活

生活既有甜蜜的地方，也有令人苦恼的地方。

名人、伟人有他们辉煌、灿烂的一面，但他们也有苦恼，甚至不幸。

因此，面对生活，我们应该充满乐观，当幸福来临时，我们不可忘乎所以，当不幸降临时，我们应该坚强，笑对世界，笑对人生。

（11）学会知足而乐

人生需要目标，既需要大目标，那就是我们的理想，也需要小目标，那就是我们近日的工作和学习计划。我们的目标不要定得太虚无缥缈，因为那样难以实现，往往会导致我们失望，甚至悲观。

我们要知足，小事往往成就人的事业，很多劳模和英雄，他们并没有惊天动地的事迹，他们都是做很平凡的小事，然而，平凡中孕育着不平凡，就是这些小事，才使他们获得了成功。因此，在制定目标及实现过程中，我们要学会知足而乐。

总之，乐观是心胸豁达的表现，乐观是生理健康的目的，乐观是人际交往的基础，乐观是工作顺利的保证，乐观是面对挫折的法宝。

我们保持乐观的心态，将使我们的心理年龄永远年轻。当我们朝着奋斗的目标迈进时，将会增加我们的愉悦与自信，我们就会自然形成乐观的心态，快乐将永远与我们相伴。

贴心小提示

亲爱的朋友，下面介绍一些简单的方法，让你永远保持乐观的心态。

面对镜子，脸上露出一个很开心的笑脸。挺起胸膛，深吸一口气，然后唱一小段歌。如果不能唱，就吹口哨。若是你不会吹口哨，就哼哼歌，记住你快乐的表情。

坚持微笑待人。俗话说："笑一笑，十年少。"笑可以使肺部扩张，促进血液循环。

幽默是能在生活中发现快乐的特殊的情绪表现，可以从容应付许多令人不快、烦恼、痛苦、悲哀的事情。

对环境和他人不要提出不切实际的非分要求,告诉自己快乐的核心是自我满足。当别人试图激怒你时,自我暗示:"我是一个豁达的人,一个胸如大海的人。"

每当紧张出现时,想想我们的座右铭,如"我是一个冷静的人",然后进行自我放松。

自立是人生的一种良好习惯

自立就是扔掉拐杖,培养一种独立的能力,自己的事情自己干,并且要勇于承担自己的责任。只有善于锻炼自己的能力,培养良好的自立的习惯,才能从容地在社会中立足。

1. 认识自立的重要意义

自立意识是我们从儿童逐步走上成人之路,适应现代社会环境所必须具备的品质。孩子不可能永远是孩子,我们将来必定要走向社会。

我们未来的生活道路不可能总是一帆风顺,没有坎坷。我们只有自立自强,才能在未来的生活道路上,搏击生活,主宰自己的命运。相反,如果我们缺乏自立能力,就会做事没主见,胆怯怕事,依赖性十足,意志薄弱,经不起一点小小的挫折。可见,自立能力对于我们的重要性。

我们要不断地完善自己,学会自立,增强自信。

我们要学会理解和尊重他人,善于与他人沟通和交往,和谐相处。

我们要积极融入社会,关爱他人,成为一个对自己负责、对他人负责、对社会负责、自立自强的人。

在日常生活中,我们要从小就学会自己做作业、复习功课,不用父母督促、陪伴。我们要学会自己上学，自己的衣服自己洗，在家中打扫卫生、饭后洗碗，独自乘火车去外地。父母外出时，我们也要会料理自己的生活，父母病了，更要会陪他们去医院，还要在家照顾他们。

人生需要自立。如果我们不能从现在起，在父母和老师的帮助下，自觉地储备自立的知识，锻炼自己的能力，培养自立精神，就难以在未来的社会中立足。

2. 培养自立的方法

俗话说："自立人生少年始。"我们要从小就学会自立，养成各种好习惯。那么我们该如何让自己自立起来呢？

（1）克服依赖习惯

分析一下自己的行为中哪些应当依靠别人、哪些应由自己决定把握，从而自觉减少习惯性依赖心理，增强自己做出正确主张的能力。如自己决定有益的业余爱好、自己安排和制订学习计划等，由依赖转变为自主。

（2）在思想上自立

我们要自立，就要树立自立的观念，为自己定一个可行的目标，这样我们才能做到有的放矢，实现真正的自立。

（3）要从小事做起

我们要立足于当前的生活、学习，从我们身边的小事做起，首先把自己的基本日常生活料理好。

（4）不断实践

我们要大胆地投入社会实践。因为只有在社会生活中反复地锻炼、不断实践，才能逐步提高我们的自立能力。

（5）增强自信

有依赖心理的人缺乏自信，自我意识低下，这往往与童年时期的不良教育有关。如有的父母、长辈、朋友往往说些"你真笨，什么也不会做""瞧你笨手笨脚的，让我来帮你做"等。对这些话首先要有正确的心态，然后一条一条加以认知重构，逐渐培养和增强自信心。

（6）树立自强精神

常言说，温室中长不出参天大树。当今社会是开放竞争的社会，我们每个人都要在激烈的竞争中求生存谋发展。因此，要及时调整自己的心态，适应时代变革，拥有健全的人格和良好的社会适应能力。要自觉地在艰苦环境中磨炼自己，在激烈的竞争中锻炼自己，勇敢地面对困难和挫折。

（7）培养独立人格

我们每个人都需要别人的帮助，但是接受别人的帮助也必须发挥自己的主观能动性。很难设想，一个把自己的命运寄托在他人身上、时时事事靠别人指点才能过日子的人，会有什么大的作为。

朋友，驱走我们的依赖心理，让我们用轻松的脚步走向自立的世界，用自己的双手去创造属于我们自己的世界，让我们的人生更加灿烂和美好。

我们要全面地看待自己，让我们的人生充满自立意识，让我们的生活从此与众不同，让我们一起享受自立带给我们的无穷乐趣吧！

贴心小提示

测试：你是一个能自立的人吗？

今天是你的生日，每年的这一天，你都会收到来自乡下双亲的礼物，今天下午，你收到了礼物，但是没有署名。不过，你心里有数，今年他们大概是一时疏忽，忘记写寄件人的住址和名字，如同往常一样，礼物中附上一封父母的信，请问你认为信的内容是什么？

1. 有没有好对象等，关心儿女终身大事的信。
2. 千万要多注意自己的身体，关心儿女健康的信。
3. 偶尔也回来露露脸等，期盼儿女回家的信。

如果你选择了第一个，说明你是一个感到自我空虚的人，基本上，你是个害怕孤独的人。对你而言，最重要的是要知道自己真正想做的事是什么，只有向自己真正的目标迈进，才可以耐得住孤独。

如果你选择了第二个，说明你希望受到保护，希望能永远得到父母的关心、宠爱，想必你大概从小受到过分的保护，导致长大后仍眷恋着幼儿期，觉得没有父母的疼爱便活不下去。你必须学习独立，而最快的方法就是谈恋爱，只要有位像父母一样爱你的人守着你，相信你应该会可以很快学会独立。

如果你选择了第三个，可以看出你会让父母伤脑筋，你想引起父母对你的关心，建议你可以请父母每天打电话给你，如此一来，你应该就可以安心地继续独立的生活。

信念是获取成功的第一要素

信念是人生的坚强柱石，是精神力量的源泉。无论任何人要想将梦想变为现实都必须有坚定的信念。

成功信念有多层含义，简单来讲就是相信自己一定能够成功，相信自己按照一定的方向或者一定的规则前进肯定能够成功的坚定意志。

正如高尔基说："只有满怀信念的人，才能在任何地方都把信念沉浸在生活中并实现自己的意志。"

1. 认识信念的重要性

心中认为自己会成功，且不怀疑，就可能会成功；心中认为自己不会成功，就必然不会成功。所以成功的第一要素是信念。

成功的信念有句非常简单的名言："有志者事竟成。"这是简而有力的不变真理，世界上许多伟大的贡献都是坚持信念才产生的，成功的信念是成功的最佳定义，只要身体力行、全力以赴，必能成功。

成功象征美好的前途，大好的远景。

成功象征自爱自重，在磨炼、充实自己的内涵中，有更踏实的快乐及幸福，为你所关心的人贡献更多，提供更好的生活。

成功象征赢得胜利，有能力依照自己的意志过日子。

所以说你必须要拥有成功的信念！

把成功的信念关在门外而闭门造车是毫无道理的，你应对成功满怀信心，勇气十足地向前冲，坚信有实现梦想的一天。

不要低估自己的潜能，要勇于突破，发挥你的潜力，化信念为实际行动，必能出类拔萃地站在众人前面。

2. 培养成功信念的方法

如今每个行业、每个领域都是人才济济，因此，成功必须靠我们自己发掘。那么我们应该怎样培养自己的信念呢？

（1）认清自我

缺乏自信的人过低估计自己，只看到他人的优点，看不见自己的长处；只看到困难，而忽视有利条件。

事实上，我们每个人都有缺点和不足，只看到别人的优点而以此贬低自己是片面的、不妥的。反过来，我们每个人都有自己的长处和优点，任何人都能在社会中找到适合自己的位置，正所谓"天生我材必有用"。

（2）合理期望

心理学告诉我们，人的期望值有时与失望值是成正比的，期望越大，失望也就越大。因此，建立合理的期望值对于树立自信心和必胜的信念有着至关重要的作用。

（3）全面认识

一件事情的成功与失败，不能简单地归因于某一个条件，它跟主观努力、个人能力、机遇、任务难易等多种因素相关。

因此对于每次具体的成功与失败，都既要看到自身主观条件，也要看到客观外部环境，从而做出恰如其分的评价和相应调整。

贴心小提示

我们每一个人都非常渴望成功，可是你有必胜的信念吗？你的成功信念足够强烈吗？如果有的话，你就一定能够成功。现在让我们来一起做一个小测试吧！

请对下列题目做出"是"或"否"的回答。

1. 设定的目标一定要实现。
2. 成就是我的主要目标。
3. 心中思考的事情立即付诸实践。
4. 对我来说，做一个谦和宽容的胜利者与取胜同样重要。
5. 不管经历多少失败也毫不动摇。
6. 谦虚常常比吹嘘获得更多。
7. 我的成就是不言自明的。
8. 我实现目标的愿望比一般人更强烈。
9. 充满只要做就必然能成功的自信。

10. 他人的成功不会诋毁我的成功。

11. 工作本身蕴含着价值，并不是为了奖赏而工作。

12. 我有自己独特的，其他任何人不具备的优点。

13. 认准的事情坚决干到底。

14. 对工作的集中力和持久性都很强。

15. 往往马上实现大脑的闪念。

16. 失败不能影响我的真正价值。

17. 对自己的评价不受别人的观点影响。

18. 信赖他人一起合作。

19. 一件一件地实现要做的事情。

20. 为了实现目标往往全力以赴。

21. 相信自己有应对困难的能力。

22. 常常盼望良机来临。

23. 很少对自己有消极想法。

24. 与专心思考相比，更多的是身体力行。

25. 目标一旦确定马上实施。

26. 一直得到许多人的帮助。

27. 尽可能地充分利用自己的才干与能力。

现在我们计算一下自己的分数。选择"是"计1分，"否"计0分。各题得分相加，统计总分。

0～5分：说明你实现目标的信心很差。6～11分：说明你实现目标的信心较差。12～17分：说明你实现目标的信心一般。18～23分：说明你实现目标的信心较强。24～27分：说明你实现目标的信心很强。

第五章　拼搏与坚持的心理专注

拼搏是指在一定的理想、信念驱使下，一个人勇于进取搏斗的意志品质。拼搏就是在困难面前不低头、摔倒了爬起来继续向前走的气概，这是每一个成功的人所具有的精神。

坚持是一个持续的过程。想成事，就要有耐心，有韧劲。坚持下去，你就是那个拥抱成功的人。

专注是成功的"神奇之钥"

专注就是指集中精力、全神贯注、专心致志。在世事喧嚣、红尘滚滚中静下心来，专注于你的工作和学习，不受其他欲望、诱惑的影响，这是一件非常艰难的事，但也是一件非常重要的事情。

在别人三心二意、四处出击的时候，专注会给你带来更多的成功机会。

1. 认识专注的重要性

专注是能够将你身体与心智的能量锲而不舍地运用在同一个问题上而不会厌倦的能力。

专注本身并没有什么神奇，只是控制注意力而已。我们只要集中注意力，就能调整自己的大脑，使它能接受空间的所有思想波。这样，整个世界都将成为一本公开的书籍，供你随意阅读。可以说，专注是成功的"神奇之钥"。

在把这把钥匙交给你之前，我们先来看一下它有些什么用处。这把"神奇之钥"有一种巨大的力量。它将打开通往财富之门，它将打开通往荣誉之门。

它也会打开通往健康之门。它也将打开通往教育之门，让你进入你所有潜在能力的宝库。

在这把"神奇之钥"的协助下，人们已经打开通往世界所有各种伟大发明的秘密之门了。

专注就是把意识集中在某个特定的欲望上的行为，并要一直集中到已经找出实现这项欲望的方法，而且成功地将之付诸实际行动为止。

自信心和欲望是构成成功的专注行为的主要因素。没有这些因素，"神奇之钥"也毫无用处。为什么只有少数的人能够使用这把钥匙，最主要的原因是大多数人缺乏自信心，而且没有什么特别的欲望。

对于任何东西，只要你渴望得到，而且，只要你的需求合理，并且十分强烈，那么，专注这把"神奇之钥"将会帮助你。

人类所创造的任何东西，最初都是通过欲望而在想象中创造出来的，然后经由专注而变成事实。

2. 做到专注的要诀

专注才能让我们看到自己的成功，才能在前进的路上少走弯路，才能勇往直前，最终获得自己想要的一切。那么我们该如何做到专注呢？

（1）聚精会神

许多人说自己总是不能集中精力在一件事情上，因为他们会不停地想着别的事。这其实是自己欺骗自己。

我们心安理得地接受了"我没有能力去集中精力"的观点，我们没有信心去尝试集中精力。

有心理学家建议用学杂耍的方法来锻炼聚精会神。学杂耍的意义就在于要勇于做尝试，并且坚持，总有一天会学会杂耍。

（2）创造机会

给自己创造机会就是希望能够专心致志地干好一件事情。专心致志就是自我控制，是内在的东西。学会自我控制是对自我的一个提升。有了自我控制，做任何一件事都将会如鱼得水。

（3）一心一意

就像照相时对焦一样，只集中于一个焦点。一次只做一样，直至干好为止。不急功近利，做了一样就是一样。三心二意可能会导致"捡了芝麻丢了西瓜"。

（4）做好准备

人总会受到干扰，因此总会走神。应该创造一个有利于集中精力的环境，比如要有一个宜人但不过于舒适的环境，不听音乐，不去听别人的谈话，关上门，把容易使人分心的物品移到视线以外，把与工作有关的放到视线内等。

（5）最佳时间

我们的情绪和持续力会随时间降低，而在最佳的工作时间，即人的黄金时间，更容易集中精力，持续的时间更久。

（6）全力以赴

在开始做某件事的时候深呼吸一口气，可以让自己意识到即将进入集中精力的状态，大脑会向每一个细胞发出这个信息，身体的每个部分都会主动地配合。因此，有些人在集中精力的时候不觉得累，放松之后才发现颈或腿非常酸痛。同时，工作或学习30～40分钟最好休息一下。

（7）不断实践

实践才能进步，练多了才会习惯。亚里士多德说过："优秀不是一种行为，而是一种习惯。"有规律的生活比聪明对人的推动力更强、持续力更久。

总之，专注就要心无旁骛，目不旁视，耳不两听，精神专一，不抛弃、不放弃，对追求的目标执着地去奋斗。它体现了一个人做人处世的态度和风格，它是一种素质，更是一种能力。

现实生活中，我们往往并不缺乏才气及毅力，而是缺乏专注的精神，结果往往无所建树，最终与成功擦肩而过。如果我们能在做事时，多一分专注，多一分坚持，有一天你也会一飞冲天、一鸣惊人！

贴心小提示

注意力是专注的重要方面，可是我们往往发现自己心不在焉，注意力不能集中。你是不是经常对眼前的事物视而不见？你是不是经常在老师讲课的时候走神？现在让我们来一起提高自己的注意力吧！

首先来一次静视。在你的房间里或屋外找一样东西，比如表、自来水笔、台灯、一张椅子或一棵花草，距离约0.6米，平视前方，自然眨眼，集中注意力注视这一物体。

默数60~90个数，即1~1.5分钟，在默数的同时，要专心致志地仔细观察。然后闭上眼睛，努力在脑海中勾勒出该物体的形象，应尽可能地详细描述，最好用文字将其特征描述出来。然后重复细看一遍，如果有错，加以修改补充。

你在训练熟练后，逐渐转到更复杂的物体上，观察周围事物的特征，然后闭眼回想。重复几次，直至每个细节都看到。可以观察地平线、衣服的颜色、植物的形状、人们的姿势和动作、天空阴云的形状和颜色等。

再来一次行视。以中等速度穿过你的房间、教室、办公室，或者绕着房间走一圈，迅速留意尽可能多的物体。回想，把你所看到的尽可能详细地说出来，最好写出来，然后对照补充。

再来看一次抛视。取25～30块大小适中的彩色圆球，或积木、跳棋子，其中红色、黄色、白色或其他颜色的各占三分之一。

将它们完全混合在一起，放在盆里。用两手迅速抓起两把，然后放手，让它们同时从手中滚落到沙发上，或床上、桌面上、地上。

当它们全部落下后，迅速看一眼这些落下的物体，然后转过身去，将每种颜色的数目凭记忆而不是猜测写下来。检查是否正确。重复这一练习10天，在第十天看看你的进步。

再试试速视。取50张7厘米见方的纸片，每一张纸片上面都写上一个汉字或字母，字迹应清晰、工整，将有字的一面朝下。也可用扑克牌。取出10张，闭着眼使它们面朝上，尽量分散放在桌面上。

现在睁眼，用极短的时间仔细看它们一眼。然后转过身，凭着你的记忆把所看到的字写下来。紧接着，用另10张纸片重复这一练习。每天这样练习三次，重复10天。在第十天注意一下你取得了多大进步。

最后进行一次统视。睁大你的眼睛，但不要过分以至让你觉得不适。注意力完全集中，注视正前方，观察你视野中的所有物体，但眼珠不可以转动。坚持10秒钟后，回想所看到的东西，凭借你的记忆，将所能想起来的物体的名字写下来，不要凭借你已有的信息和猜测来做记录。

重复10天，每天变换观察的位置和视野。在第十天看看你的进步。数秒数的过程一般会比所设想的慢。你可以在练习前先调整一下你数数的速度。一边数一边看着手表的秒针走动，1秒数1下，在1分钟结束的时候刚好数到"60"，也可以1秒数2~3下。

相信经过这一系列的练习，你的注意力一定会大大增强。

意志是一种强大的力量

人类成功最致命的敌人，便是心理的残疾与意志的流失。生命中的一切事情，全靠我们的意志，全靠我们对自己有信心。唯有如此，方能成功。

1. 认识意志的重要性

人的一生是要经过从出生到死亡的漫长时间，它就像一条很长的道路伴随着我们的人生。然而这条道路并不好走，所以我们需要坚强的意志才能走下去。

古人说得好："锲而不舍，朽木不折；锲而不舍，金石可镂。"可见，坚强的意志对于人生有着极大的作用。

莎士比亚曾说："我们的身体就像一个园圃，我们的意志就是这园圃的园丁。无论我们种蓖麻，种莴苣，栽下牛膝草，拔起百里香，或者单独培育一种草木，或者把全园种得万卉纷呈，或者让它荒废也好，或者把它辛勤耕耘也好，都在于我们的意志。"这也从某种角度上说明了人生需要坚强的意志。

人在受到各种诱惑时，靠什么来维持支撑着自己的信念不受到外界任何的诱惑？意志！

有了意志加上坚定的信念和信心，人就可以抵抗得住金钱、欲望、利益等所有身外物的诱惑。

我们的人生道路，布满了荆棘，有着各种各样的挫折。走在这条崎岖的人生道路上，如果没有坚强的意志，必将平庸一生。

如果我们有了坚强的意志，即使遇到挫折和失败，也不会停下来，跌倒了爬起，跌倒了再爬起，直至走向成功的彼岸。

就像张海迪一样，她在人生的道路上刚开始就遇到了残疾的巨大挫折，但她知道要想战胜挫折，就要有坚强的意志，所以她鼓起勇气，最终战胜了挫折，赢得了成功。人们都称赞她身残志坚，所以我们要向她学习，勇敢地跟挫折抗争到底。

总之，面对人生的不良诱惑，我们需要坚强的意志，面对满地荆棘的人生道路，我们需要坚强的意志。只有坚强的意志，才能伴随我们走向成功。

2. 培养意志的要诀

意志力并非是生来就有，它需要后天培养。那么，我们应该如何培养我们的意志力呢？

（1）积极主动

意志力能让你克服惰性，把注意力集中于你正在做的事。在遇到阻力时，想象自己在克服它之后的快乐；积极投身于实现自己目标的具体实践中，你就能坚持到底。

（2）下定决心

有的人属于慢性决策者，在决策时优柔寡断，结果无法付诸行动。

（3）目标明确

不要说空洞的话："我打算多进行一些体育锻炼。""我计划多读一点书。"而应该具体、明确地表示："我打算每天早晨步行45分钟。""我计划一周中一、三、五的晚上读一个小时的书。"

（4）权衡利弊

如果你因为看不到实际好处而对体育锻炼三心二意的话，光有愿望是无法使你心甘情愿地穿上跑鞋的。你可以在一张纸上画好4个格子，以便填写短期和长期的损失与收获。

假如你打算戒烟，可以在顶上两格上填上戒烟会造成损失和收获。如我一开始感到很难过，但我可以省下一笔钱，我的身体将变得更健康。通过这样的仔细比较，聚集起戒烟的意志力就更容易了。

（5）改变自我

光知道收获是不够的，最根本的动力产生于改变自己形象和把握自己生活的愿望。道理有时可以使人信服，但只有在感情因素被激发起来时，自己才能真正加以响应。

（6）假装顽强

如果真的没有顽强的意志，那就假装自己有吧！大量的事实证明，好像自己有顽强意志一样地去行动，有助于使自己成为一个具有顽强意志力的人。

（7）磨炼意志

为了磨炼自己的意志，你可以事先安排星期天上午要干的事情，并下决心不办好就不吃午饭。相信功夫不负有心人，只要有这个决心，就没有做不成的事情。

（8）坚持到底

俗话说："有志者事竟成。"如果你决心戒酒，那么不论在任何场合里都不要去碰酒杯。倘若你要坚持慢跑，即使天下着暴雨，也要在室内照常锻炼。

（9）实事求是

如果规定自己在3个月内减肥25千克，或者一天必须进行3个小时的体育锻炼，对这样一类无法实现的目标，再坚强的意志也无济于事。将大目标分解成许多小目标不失为一种好办法。

（10）逐步培养

坚强的意志不是一夜间突然产生的，它在逐渐积累的过程中慢慢形成。中间还会不可避免地遇到挫折和失败，必须找出使自己斗志涣散的原因，才能有针对性地解决。

（11）乘胜前进

实践证明，每一次成功都会使意志力进一步增强。如果你用顽强的意志克服了一种不良习惯，那么就能获取与另一次挑战决斗并且获胜的信心。

每一次成功都能使自信心增加一分，给你在攀登悬崖的艰苦征途上提供一个坚实的立足点。或许新任务更加艰难，但既然以前能成功，这一次以及今后也一定会胜利。

贴心小提示

古往今来，有无数实例证明，非常聪明的人不一定有所成就，非常坚强的人却一定有成果。意志品质的作用是显而易见的，但是你知道自己意志品质的强弱程度吗？如果还不知道，现在我们来一起做个测试吧！

认真阅读下列题目，选择与你的情况相符的一项选项。

1. 我很喜爱长跑、远途旅行、爬山等体育活动，但并不是因为我的身体条件非常适合这些项目，而是因为它们能使我更有毅力（很同意、比较同意、可否之间、不大同意、不同意）。

2. 我给自己订的计划常因自己的主观原因不能如期完成（这

种情况很多、较多、不多不少、较少、没有)。

3. 如果没有特殊原因，我能每天按时起床，不睡懒觉(很同意、较同意、可否之间、不大同意、不同意)。

4. 订的计划有一定的灵活性，如果完成计划有困难，随时可以改变或撤销它(很同意、较同意、无所谓、不大同意、反对)。

5. 在学习和娱乐发生冲突时，哪怕这种娱乐很有吸引力，我也会马上决定去学习(经常如此、较经常、时有时无、较少如此、并非如此)。

6. 学习和工作中遇到困难时，最好的方法是立即向师长、同事、同学求援(同意、较同意、无所谓、不大同意、反对)。

7. 在练长跑中遇到正常生理反应，觉得跑不动时，我常常咬紧牙关，坚持到底(经常如此、较常如此、时有时无、较少如此、并非如此)。

8. 因读一本引人入胜的书而不能按时睡眠(经常有、较多、时有时无、较少、没有)。

9. 我在做一件应该做的事之前，常能想到做与不做的好坏结果，而有目的地去做(经常如此、较常如此、时有时无、较少如此、并非如此)。

10. 如果对一件事不感兴趣，那么不管它是什么事，我的积极性都不高(经常如此、较常如此、时有时无、较少如此、并非如此)。

11. 当我同时面临该做和不该做且都吸引我的事时，我经常经过激烈的斗争,使前者占上风(是、有时是、是与非之间、很少这样、不是)。

12. 有时我躺在床上决心第二天干一件紧要的事(如突击学一下外语),但到第二天这种劲头又消失了(常有、较常有、时有时无、较少、没有)。

13. 我能长时间做一件重要但枯燥无味的事(是、有时是、是与非之间、很少是、不是)。

14. 我遇到困难时,常常希望别人帮我拿主意(是、有时是、是与非之间、很少是、不是)。

15. 做一件事之前,首先想到的是它的重要性,其次才想到它是否使我感兴趣(是、有时是、是与非之间、很少是、不是)。

16. 生活中遇到复杂情况时,我常常优柔寡断、举棋不定(常有、有时有、时有时无、很少有、没有)。

17. 我做一件事时,常常说干就干,决不拖延和让它落空(是、有时是、是与非之间、很少是、不是)。

18. 在和别人争吵时,虽然明知自己不对,我却忍不住说些过头的话,甚至骂对方几句(时常有、有时有、有时无、很少有、没有)。

19. 我希望做一个坚强的有毅力的人,是因为我深信"有志者事竟成"(是、有时是、是与非之间、很少是、不是)。

20. 我相信机遇,很多事实证明机遇有时大大超过人的努力(是、有时是、是与非之间、很少是、不是)。

现在计算一下你的得分。凡单序号题,每题后的5种答案,分数依次是5、4、3、2、1分；凡双序号题，分数依次是1、2、3、4、5分。

你得了多少分呢？现在从得分看一下你的意志吧！

81～100分：意志很坚强。

61～80分：意志较坚强。

41～60分：意志品质一般。

21～40分：意志较薄弱。

20分以下：意志很薄弱。

拼搏是成功者必备的精神

拼搏就是在困难面前不低头、摔倒了爬起来继续向前走，拼搏就是在压力之下不逃脱。拼搏不是一时心血来潮，不是空喊口号，而是长期的行为，需要用坚韧的毅力来维持。

拼搏作为一种勇气、一种境界，是每一个真正成功的人士所必备的精神。培养拼搏精神需要以坚定的信心来导航。

1. 认识拼搏的重要性

拼搏是强者的凯歌。平静的湖水永远不会奏出壮美的乐章，只有澎湃的大海才会给人以雄壮；柔韧的水，只有不断地撞击礁石，才会将美丽绽放，这就是拼搏精神。

冰心曾说："成功的花，人们只是惊慕它现时的明艳，然而当初，它的芽浸透了奋斗的泪泉，洒遍了牺牲的血雨。"

有的人拼搏了，努力了，虽然没有获得殊荣，戴上桂冠，但回顾起点，却有"会当凌绝顶，一览众山小"的感觉。

即使我们暂时没有成功,也不妨及时总结经验教训,适时改进方式方法,持之以恒,定会有"众里寻他千百度,蓦然回首,那人却在灯火阑珊处"的喜悦,这样,面对人生,我们可以骄傲地说:我努力过,拼搏过,奋斗过。

拼搏重在过程,不在结果;重在精神,不在收获。在人生的旅途中,需要拼搏精神;艰辛的创业中,需要拼搏精神;学海的奋斗中,需要拼搏精神;而在那激情燃烧的运动场上,更需要拼搏精神。

生活是美丽的,拼搏的人生将会更加美丽!拼搏,是积极、奋发向上的人生态度;拼搏进取,是通向胜利之路的桥梁,是开启成功大门的钥匙。

崇高的理想和远大的抱负,可以使人闪耀出绚丽的光辉。然而实现崇高理想和远大抱负的征程却是漫长曲折、艰险重要的。

拼搏进取的精神,激励着人们以坚定的自信、顽强的意志和坚韧的毅力,勇往直前,披荆斩棘,抢关夺隘,直至获得最后的胜利和成功。

我国历史上,张骞、司马迁、玄奘、徐霞客等许多志士名贤,都通过拼搏进取,取得了辉煌的业绩,是他们推动了民族文明强盛的进程。

拼搏的人生,必定是精彩的人生,必定是不因碌碌无为而虚度年华的人生。把握好自己的人生,是在和时间赛跑,拼搏的含义,是在谱写一个不后悔的人生。

夕阳无限好,只是近黄昏,一寸光阴一寸金,人生匆匆几十年,如白驹过隙,转眼即逝。生命的可贵,在于它的不再回头;人生的价值,是用有限的时间发挥自身的光和热。你所面临的,将不再只是你自己,生活中与你相关的每一个人、每一件事,都会因为你的存在而有着改变,你也许不能改变社会,但你可以活出你最精彩的人生,给关心你爱护你支持你的人一份最好的回报。

认真地生活吧！让自己在有限的时间里活出无限的精彩来，让自己的梦不再只是梦，让所有的一切都因拼搏而变成现实吧！

2．学会拼搏的方法

在现实的生活中，总有些人认为自己"命不好""环境恶劣""条件比别人差"，因此认为自己不是拼搏进取的材料，缺乏拼搏进取的勇气。这种想法是有害无益的，我们应该摒弃这种消极的思想，用积极乐观的态度去面对学习和生活的挑战。

学会拼搏，就要有现代人的品质，具有朝气蓬勃的进取精神，具有勇敢、热忱、顽强、富于创新的意志品质。

学会拼搏，就要求我们以进取的态度对待人生。

学会拼搏，就是人类或个人为了生存和发展所奉行的一种不避艰险、百折不挠、不达目标绝不罢休的自信心。

张海迪曾说过："总不会条条大路、每扇门都对我关闭吧！通往成功之路无非是布满荆棘吧！无非是要有勇气、敢闯，披荆斩棘时能够忍受痛苦，这两条，我都不怕。"

无数英才以其奋斗历程昭示我们："宝剑锋从磨砺出，梅花香自苦寒来。"谁拼搏，谁就能踏上通往胜利之路的桥梁；谁进取，谁就能掌握开启成功大门的钥匙。

那么我们平时该如何培养自己的拼搏精神呢？

（1）从小事做起

日常小事可以锻炼我们拼搏的精神。有些人感叹自己生不逢时，无大风大浪显不出真品性，忽视在平凡生活、平凡小事中培养自己的拼搏意识。

其实，在我们的生活中，学习、科研、劳动、集体活动等都需要付出艰苦的努力，没有顽强的拼搏精神，是很难做出一番成就的。

例如，学习是一项长期的、艰苦的脑力劳动，要完成学习任务，就必须随时同困难做斗争，要排除干扰专心听讲，要反复做练习题至熟练掌握知识要点，要攻克难题不留障碍，学习的每一步成功皆与我们的拼搏精神相伴。这些日常行为在不断磨炼着我们的拼搏意识。

(2) 加强体育锻炼

体育锻炼能培养我们顽强拼搏的意志品质。如，骑自行车可锻炼顽强性、球类运动可锻炼独立性、跑步可锻炼自制力等。

尤其是长跑，一个人若能风雨无阻，数年如一日地坚持长跑，就是一种对自己意志的磨炼。

自觉地、经常地、积极地参加体育锻炼，可以培养我们不怕吃苦，敢于拼搏奋斗的意志品质。并且，健全的体魄也使得我们的拼搏更容易达到理想目标。

(3) 不怕挫折

我们现代人物质生活水平比较高，生活比较幸福，需要拼搏的机会却比以前少了，这其实对我们的成功很不利。因此，我们要适当地给自己一些压力，做一些比较难的事情，多经受一些挫折和失败，这对培养我们的拼搏意识很有好处。

一位记者曾问美国著名作家海明威："你认为一个作家最好的早期训练是什么？"他毫不迟疑地回答："不愉快的童年。"作家如此，其他领域的杰出人物也是如此。

困苦与挫折是造成我们百折不挠、顽强拼搏的奋斗精神的根由。因此我们要主动参加更多的实践活动，多吃一点苦绝不是什么坏事。这不仅有利于克服不良的意志品质，而且有利于我们拼搏意识的培养。

人生能有几回搏。只有拼搏，人生才能绽放异彩；只有拼搏，才能发挥智慧的潜力；只有拼搏，才能实现远大的理想。

让我们以舍我其谁的勇气为帆，以献身理想的信念为指引，以自强不息的拼搏为桨，驾起人生的巨舟，驶向成功的彼岸！

贴心小提示

拼搏精神是使我们走向成功的基本因素之一。可是现在的孩子很少有吃苦的机会，所以拼搏意识往往很淡薄。你是不是也发现自己的孩子太过娇气，缺乏拼搏精神呢？不妨试试下边的方法吧！

首先，要帮助孩子确定明确的、可行的目标。目标明确，就像一盏明亮的航标灯，给孩子的行动指明清晰的方向。目标可行，才有利于激发孩子的活动兴趣和自信心，孩子才会去拼搏。

其次，在孩子实现目标的过程中，要多激励他。对世界级的运动员的调查发现，在他们的早期生活中，对他们影响最大的是父母的激励，可见激励对孩子有不可估量的作用。因此，父母要善于发现孩子取得的成绩，即使是"不起眼"的成绩，也要给予肯定和表扬。

再次，当孩子在前进路上遇到挫折时，要给孩子以鼓励。当孩子在人生的路上遇到磨难时，作为父母，只要对孩子说："跌倒了，爬起来！"你就赢了，就知道什么叫"胜利"了，你的孩子就会从苦难中奋起。

我们既要让孩子有成功的快乐体验，也要结合所遇到的挫折与困难进行教育，两者有机结合，才能真正培养起孩子良好的耐挫力与正确对待一切事物的态度，仔细品尝挫折带来的人生感悟，并且抬起头，一次又一次地对自己说："我不是失败了，而是没有成功。我相信，我能行！"让孩子深刻体会到"吃得苦中苦，方知甜中甜"的滋味。

对孩子来说，鼓励他去克服困难，比替他解决困难有益得多。父母的鼓励，能给孩子无穷的力量，增强他克服困难的信心。

成功属于持之以恒的人

成功的大门向来是对每一个人敞开的，能否踏进成功的大门关键是看我们是否具有持之以恒的精神。

其实成功与失败并非相隔万里，它们往往只是一步之遥。无数事实证明，成功贵在坚持，在面对困苦或是挫折的时候只要你能持之以恒，坚定信念，就能胜利地到达成功的彼岸。

1. 认识持之以恒的重要性

人们都想在事业或学业上有所成就，但是，只有一部分人取得了胜利，而相当一部分人却陷入了失败的痛苦之中。

这是为什么呢？

俗语说："功到自然成。"那些失败者往往缺少一种获得胜利的必要条件，那就是持之以恒。这就是他们失败的原因。

恒心是人类最重要的品质之一，正如滴水穿石的故事一样：石头很硬，不容易砸碎，可不引人注目的小水滴却可以穿透它。这就是因为水滴有一颗持之以恒的心。

万事只要有恒心便会成功，学习也是如此，一点一滴地积累，日久天长，肯定能攀登上科学的顶峰！

英国作家狄更斯平时很注意观察生活、体验生活，不管刮风下雨，每天都坚持到街头去观察、谛听，记下行人的零言碎语，积累了丰富的生活资料。这样，他才在《大卫·科波菲尔》中写下了精彩的人物对话，在《双城记》中有了逼真的社会背景描写，从而成为英国一代文豪，取得了他文学事业上的巨大成功。

爱迪生花了整整10年去研制蓄电池，其间不断遭受失败的他一直咬牙坚持，经过了50000次左右的试验，终于取得成功，发明了蓄电池，被人们给予"发明大王"的美称。

狄更斯和爱迪生就是靠持之以恒的精神而取得最后的胜利的。可见，持之以恒能够使人取得事业和学业上的成功。

那些失败者往往是在最后时刻未能坚持住而放弃努力，与成功失之交臂。一位化学家在海水中提取碘时，似乎发现一种新元素，但是面对这烦琐的提炼与实验，他退却了。

而另一个化学家用了一年的时间，经过无数次实验，终于为元素家族再添新成员而名垂千古，那位没能坚持到底的化学家只能默默地看着对方沉浸在胜利的喜悦之中。

这两位化学家，一位坚持到底了，取得了胜利；另一位却没有坚持下去，未能取得成功。

可见，能否持之以恒是取得胜利的最后一关。在最黑暗的时刻，也就是光明就要到来的时刻，越在这样的时刻，越需要持之以恒。

科学家牛顿说过："一个人做事如果没有恒心，他是任何事也做不成功的。"的确，要成就一番大事业，若是没有恒心，那是不可能的。在学习生活中，恒心是不可或缺的。

一个人在确定了奋斗目标以后，若能持之以恒，始终如一地为实现目标而奋斗，最后终会取得成功。

2．做到持之以恒的要诀

恒心毅力是一种心智状态，是可以培养训练的。持之以恒的精神和所有的心态一样，奠基于确切的目标。那么我们该如何培养自己持之以恒的精神呢？

（1）目标坚定

知道自己所求为何物，是第一步，而且也是培养恒心毅力最重要的一步。强烈的动机可以驱使人超越诸多困难。

人的行动都是受动机支配的，而动机的萌发则起源于需要的满足。什么也不需要或者说什么也不追求的人，从来没有。

人都有各自的需要，也有各自的追求；只是由于人生观的不同，不同的人总是把不同的追求作为自己最大的满足。

（2）强烈渴望

对目标有强烈的渴望，就比较容易有恒心毅力，并坚持到底。

（3）从小事做起

李四光一向以工作坚韧、一丝不苟著称，这与他年轻时就锻炼自己每步走0.8米这类的小事不无关系。道尔顿平生不畏困难，得益于他在50年里天天观察气象而养成的韧性。

高尔基说：哪怕是对自己的一点小小的克制，也会使人变得强而有力。

今天，你或许挑不起100斤的担子，但你可以挑30斤。只要你天天挑，月月练，总有一天，100斤担子压在你肩上，你能健步如飞。

小事情很多，比如，有的人好睡懒觉，那不妨睁眼就起；有的人碰到书就想打瞌睡，那就每天强迫自己读一小时的书，不读完就不睡觉，只要天天强迫自己坐在书本面前，习惯总会形成，毅力也就油然而生。

人是需要从自己做起的，因为人有惰性。克服惰性需要毅力。任何惰性都是相通的，任何意志性的行动也是共生的。事物从来相辅相成，此长彼消。小事情可以培养大毅力，道理就在其中。

（4）正确的知识

知道自己的明智计划是有经验或以观察为根据，可以鼓励人坚定不移；不知情而光是猜想，则易摧毁恒心毅力。

（5）合作意识

和他人和谐互助、彼此了解、声息相通，容易助长恒心毅力。

（6）培养兴趣

有人说兴趣是持之以恒的门槛，这话是有道理的。法布尔对昆虫有特殊的爱好，他在树下观察昆虫，一趴就是半天。

诺贝尔奖获得者丁肇中说："我经常不分日夜地把自己关在实验室里，有人以为我很苦，其实这是我兴趣所在，我感到其乐无穷的事情，自然有毅力干下去了。"

当然我们的兴趣有直观兴趣和内在兴趣之分，但两者是可以转换的。如有的人对学外文兴味索然，可他懂得，学好外文是促进自己发展的需要，对这个需要，他有兴趣，因此他能强迫自己坚持学外文。

在学的过程中，对外文的兴趣也就能够渐渐培养起来，这反过来又能进一步激发他坚持学外文的毅力。一个人一旦对某种事物、某项工作发生内在的、稳定的兴趣，那么，令人向往的毅力就会不知不觉来到他身边。

（7）由易入难

有些人很想把事情善始善终，但往往因为事情的难度太大而难以为继。对恒心不太强的人来说，在确定自己的奋斗目标、选择实现这一目标突破口时，一定要坚持从实际出发、由易入难的原则。

贴心小提示

持之以恒让我们不折不扣地完成自己的任务，并最终实现自己的目标。你有这种精神吗？现在让我们来测试一下吧！

下面有30个题目，每题均有"是""是与否之间""否"三个选项，按自己的情况作答。

1. 我很喜欢长跑、远足、爬山等体育活动，并非我的身体特别适合这些运动，而是它们能有效地培养我的毅力。

2. 我做事经常虎头蛇尾。

3. 我信奉万事"不干则已，干则必成"的格言。

4. 做事不必太认真，我的计划是经常改变的。

5. 不该做的事情即使对我很有诱惑，我也能克制自己不去做。

6. 一件事该不该做，主要取决于我是否有兴趣。

7. 我常常强迫自己去做自己不感兴趣的事情。

8. 我的生活不太有规律，睡懒觉是常有的。

9. 我不喜欢一遇到困难就求助于人。

10. 遇到复杂的事情我常常犹豫不决。

11. 我决定做某件事时，往往说干就干，很少拖延。

12. 心情不好的时候，我很容易发脾气，有时明知不对，也不能克制。

13. 我相信事情的成功主要取决于自己的努力。

14. 我认为机遇比奋斗更重要。

15. 越是困难的事情，我做起来越有劲。

16. 和别人争吵时，我常说些事后感到后悔的过头话。

17. 我对自己的计划很认真，没有意外情况，总要设法使它如期完成。

18. 我常因读一本引人入胜的小说而不能按时入睡。

19. 我不怕落后，相信后来者可以居上。

20. 我很难长时间做一件重要又枯燥的事情。

21. 一旦决定晚上不看电视，即使电视节目再精彩，我也不会去看。

22. 因为优柔寡断，我已多次错失良机。

23. 对有风险的事情，我不像有的人那样总是借故推辞。

24. 我感到自己很任性，常常是想怎样就怎样。

25. 做错了，我敢于承担责任，即使为此可能受处分。

26. 遇到意外情况，我常常惊慌失措。

27. "胜利常在坚持之中"，我喜欢照此去实践。

28. 我感到清苦的生活比什么都难受。

29. 别人做不成的事情，我常能做成，因为我比别人更有恒心。

30. 我明知自己缺乏意志，但总是难以改变。

现在统计一下你的最后得分吧！奇数题答"是"得2分，答"否"得0分，答"是与否之间"得1分；偶数题答"是"得0分，答"否"得2分，答"是与否之间"得1分。

总分在45分以上，说明你非常有恒心。

总分在20~45分，要想持之以恒，你还需磨炼，而变为意志薄弱者似乎也只是一步之遥。

总分在20分以下，说明你的恒心不足。

学会将压力变成动力

当今有不少人都背负着沉重的生活压力，时常担心这个，担心那个，忧虑总是永无止境，从而让自己感到身心疲惫。

其实，在一个充满竞争的大环境中，每个人都会不可避免地遇到各种压力。这是很正常的，关键在于自己如何对待。

必要的情况下，我们不妨换一种思维，学会调整自己，这样你就会慢慢发现，压力可以变成一种动力，并能由此不断推动你努力前进。

1. 认识压力与动力

我们都不可能生活在真空里，工作、学业、生活或多或少都会带给我们压力。这是普遍现象，压力每个人都有，只是大家感知的程度、对待的态度不一样罢了。

压力是坏事，也是好事，这要看我们从什么角度去看、去分析。面对压力的态度很重要，甚至决定一个人的人生。

如果我们感到生活与工作没有任何压力，那表明我们很可能是目标感欠缺、动力羸弱的人。我们得过且过，当一天和尚撞一天钟，甚至连钟都懒得撞一下，无所事事地打发着人生，白白地蹉跎了岁月。这样的生命的意义将大打折扣，这样的人生平淡无奇。

压力是我们生活和工作的调味剂。面对环境的变化和刺激，我们应该积极适应，生命有时因压力而丰富。挺过去，你就会体会到别样的精彩。

我们必须有适量的刺激，才能更好地生活。刺激过度或不足，人都无法适应。适当的压力既有利于机体平衡，也有利于心理健康。压力能够激发我们采取行动，促使我们去做某些事情。我们的生活需要冒一些风险，我们需要承受一些压力，以确保我们从生活中获得一些东西。

既然这样我们就别再浪费精力去阻止压力进入工作、生活了，应该试着以积极的态度去迎接压力，并将之转化为动力，这才是根本。

否则，我们在压力面前便会丧失信心，失掉勇气，没有斗志。被压力所吓倒，被压力所蒙蔽，被压力所征服，被暂时的困难消退了勇气，被面临的困境消磨了精神，被眼前的艰险击垮了信念。

压力面前采取什么态度，关系到我们一个人的人生哲学与人生的价值。只有勇于面对压力，善于把压力化为动力，我们的人生才会异常丰满，我们也才能充分体会到生命的意义。

反之，如果我们只会逃避现实，不敢直面压力，我们的人生必将黯淡，我们的生命必将缺乏光彩。

2．克服压力的方法

我们应该看到，现实生活中压力无处不在，又不可避免，虽然有的人被压力击垮，一蹶不振，而有的人过得更有意义、更有效率，这其中的奥妙就在于我们是消极面对压力，还是对压力进行有效运用。那么我们在日常生活中该如何克服压力呢？

（1）认清压力

机体对压力往往有一种天生的吸收和缓冲机制，一般的生活压力会被身体转化成活力与激情。如果一个人生活在流动的、不停变化的压力中，他的机体不仅可以是健康的，也是有满满能量的。

压力过小的生活让人消沉、昏昏欲睡、机体懈怠、思维变慢。但有

第五章　拼搏与坚持的心理专注 | *147*

两种压力可能使机体调节失常：一是突如其来的压力；二是持续不变的压力。过多的压力会引发纷乱的情绪。较大的压力带来躯体各种不适反应。过大的压力出现意识缩窄，对环境反应迟钝，使身心处在崩溃的边缘。

（2）接受压力

逃避压力，并不能让我们有效地解决问题，最好的办法就是与压力相处，坦然接受压力。让我们做一个有心人，克服压力，创造奇迹。

（3）缓解压力

缓解压力的方法有很多，如冥想、流泪、体育锻炼等，都能让我们在不能承受压力的时候，让感情得到释放，压力得到减轻。

平衡躯体与精神两种压力有点像跷跷板，躯体压力大，精神压力也会慢慢增大，反之亦然。通过放松来释放躯体压力，精神的压力也会释放。

当我们集中心智工作太久，或者长期处在竞争的状态里，可通过机体的放松来释放内在的压力。而当我们懈怠太久、无所事事的时候，通过机体的运动来保持精神的活力。

（4）调节压力

管理好各类压力有很多可操作的好方法，如写压力日记、生物反馈、肌肉放松训练、冥想与想象、倒数放松、自我催眠、一分钟放松技巧等。

（5）积极心态

良好的心态可增加我们应对压力的能力，不良的心态就像一团乱麻，干扰我们的内心。

压力并不可怕，可怕的是我们对压力有不恰当的观念与反应。越怕压力就越会生活在压力的恐惧中，喜欢压力的人在任何压力面前都会游刃有余,让我们坦然面对压力,勇敢走向成功。

3. 增强动力的要诀

压力得到减轻,并不代表我们就有了十足的动力,那些有着强烈的、热切的渴望去达成目标的人才是真正动力十足的人。那么我们该如何培养热望,让自己也变得动力十足呢?

(1)断绝后路

如果我们的目标确实对我们非常重要,那么我们就可以从断绝后路开始,如此我们就别无选择,只能前进。这就是兵法上所说的破釜沉舟、背水一战、置之死地而后生。

比如,如果我们想开展自己的新事业,就可以从辞掉现在的工作开始。写封辞职信,放进贴了邮票、写了老板地址的信封里,交给一个信得过的朋友,告诉他,如果自己在某个确定的日期还没有辞职的话,就把这封信投进邮箱。

(2)大胆展示

假设我们有了一个重要目标,我们可以找些贴纸板,然后做些自己的海报,上面写上自己的目标,然后把海报贴满屋子。把电脑屏保也改成同样的话,或一些同等的动力标语。如果在办公室工作,也用同样方法改造我们的办公室。别在意同事怎么想,去做就是了,他们可能一开始会笑话你,但也会看我们的行动。

(3)交好的朋友

结交一些会鼓励我们向目标前进的朋友,抽时间跟他们多相处。只跟那些支持你的人分享你的目标,而不是那些漠不关心甚至冷嘲热讽的人。

同时我们还必须远离那些消极的人,思维模式是具有传染性的,我们还是把自己的时间花在积极的人身上吧!

（4）激励自己

励志性的书籍是培养热望最好的资源之一。如果我们想戒烟，就看一些戒了烟的人写的关于如何戒烟的书。如果我们想开展事业，那就开始海量阅读生意方面的书。

我们每天至少花15分钟给自己充充电，这会让我们的渴望保持不变的强度。

（5）立即行动

一旦我们为自己设定目标，就立即行动。勇敢地行动吧！就像不会失败一样。

让我们行动起来，坦然面对一切生活的压力吧！让我们把所有的压力都变成我们前进的动力，让我们的火焰永不熄灭。只要我们有足够的积极能量，我们很快就能达成积极的成果，变成一个动力十足的人。

贴心小提示

正常的压力是推动力，过重的压力则会伤身伤神。究竟怎样才算是正常的压力，怎样才算是过重的压力呢？长期面对压力，会对健康造成怎样的影响？我们该如何应对压力，才不会让压力把我们打败呢？

你现在可能还在为这些压力问题所苦恼，那么看看下面的方法吧！可能对你减轻心理压力很有帮助！

1. 按摩穴位法

当你面对压力时，可能会觉得心情郁闷，不管做什么事，都无法快乐起来。这个时候，你可以通过按摩不同的穴位，消除压力，让身体重新涌现活力。

2. 培养兴趣法

培养一些兴趣，或做你自己喜欢的运动，让自己完全脱离造成压力的源头。

3. 忙中偷闲法

在离开办公室后，你如果还感觉到压力，常常出现头痛、晚上无法入睡等症状，那可能是压力过重，这个时候，就该去看医生。在工作时要注意适当休息，例如工作一段时间就放松一下。

4. 减压食疗法

柴胡排骨番茄汤可以疏肝解郁，消除疲劳。如果你的压力很大、情绪处在低潮状态，那么可以每星期饮用一次，对缓解你的压力很有好处。

5. 深呼吸法

发现你自己承受着压力时，不妨深呼吸，或去向专业医生咨询进行深呼吸、冥想和减压体操的正确做法。

6. 断绝压源法

如果环境噪音或污染是造成你压力的源头，那你就得设法去改善这些恶劣的环境。

7. 户外走动法

我们多数时候都在户内，因此自然光照得不够，会让我们的身体失去节奏，承受压力的能力越来越差。因此，当你感觉到有压力时，多到户外走一走。

坚持不懈是一种可贵的精神

世上最宝贵的精神是坚持，而世上最难做到的也是坚持。无论是一个企业，还是一个人，能将一个正确的选择坚持到底，那就是一种境界；能将一种好的习惯坚持下去，那就是一种品德；能将一种优势坚持下去，那就会使你永远立于不败之地。从这个意义上说，坚持不懈是一种良好的心理，也是一切成功的前提。

1. 认识坚持不懈的重要性

有一种美叫坚持不懈！人生的道路是很漫长的，不会一直平坦，也不会一直坑洼不平，重要的是你有一个自己的目标，并且坚持不懈地去追求它、去实现它，决不因为一次次的失败而放弃自己所追求的目标。

在人生的道路上，谁都会经历失败。面对一次次失败，不是每个人都能够认准自己的目标继续奋斗，坚持到底。面对一次次的失败，许多人熄灭了理想之火，最终选择了放弃，他们是被自己的软弱的意志彻底地扼杀了，他们离成功也许只差一步。

心理学家做过这样的实验：把一只饥饿的小鳄鱼和一些小鱼放在同一个水箱里，中间用透明的玻璃隔开。刚开始，鳄鱼会毫不犹豫地向小鱼发起进攻。一次次失败后，它毫不气馁，总是接着向小鱼发动更猛烈的进攻，一次、两次、三次……

无数次进攻无希望以后，它不再进攻了。这个时候，心理学家把中间隔板拿开，鳄鱼却仍然一动不动，任凭那些小鱼在它的眼皮底下游来游去，自己最终被活活饿死。

面对一而再、再而三的失败，多数人选择了放弃，没有再给自己一次机会。而成功往往就是在你承受不了的失败和痛苦后，再多一点点坚持、多一点点努力得来的！

没有绝望的环境，只有对环境绝望的人。奋斗打拼的路上，无论何时，我们都应该信心百倍全力争取，并永远都要这样激励自己：我离成功只差一步，只要再多一点点坚持！

人生就如马拉松跑步，终点即是人生的目标。马拉松太长，人生的总目标不能很快达到，那么如何达到最终的目标呢？

我们应该把它分成许多小目标，一个一个地去实现。这样既可以为自己增加信心，也能给自己动力。我们的生活也是如此，坚持不懈地朝着自己的目标努力，终有一天会实现自己的理想。

人生的道路不可能一直风平浪静，有成功必有失败，关键是自己怎么看待，怎么去面对。

无论成功与失败，我们都应该坦然去面对。胜不骄，败不馁！坚信：在新的起点上，我们都是一样的，不一样的只是你有没有总结成功或失败的经验或教训。

坚持不懈，让你的人生充满希望，丰富而精彩！只要有一个信念在心中，再大的风浪都不能阻挡我们前进的步伐。

2. 学会培养坚持不懈的方法

我国有句老话，叫作"一勤天下无难事"。"勤"的一个重要内容就是做事的坚持性。

相传，古希腊大哲学家苏格拉底在学校开学的第一天曾教学生们甩手，并要求大家每天做300下，一个月后，他问哪些同学坚持了，90%的同学举起了手，两个月后，坚持下来的只有80%。

一年后，苏格拉底再问大家，整个教室里只有一个人举起了手，这个学生就是后来成为大哲学家的柏拉图。事业有成者无一例外地都具有做事刻苦勤奋、坚持不懈的特点。

坚持性是能顽强克服行动中的困难、不屈不挠地执行"决定"的品质，这种品质表现为善于排除各种干扰，做到面临千纷百扰，不为所动；也表现为长久地坚持业已开始的、符合目的的行动，做到锲而不舍、有始有终。

那么我们平时该如何培养自己坚持不懈的精神呢？

（1）吃苦耐劳

培养坚持性，最重要的是养成吃苦耐劳的良好习惯。勤劳是一个人事业有成的保证，而懒惰则是一个人进步的大敌。

（2）有自制力

培养坚持性，还必须具有很强的自制力。自制力表现为善于迫使自己去执行计划或决定，战胜有碍执行决定的各种因素；表现为善于抑制消极情绪的冲动，自觉控制和调节自己的行为。

顽强的自制力不是与生俱来的，而是在实践活动中养成的，尤其是在克服困难中形成的。

英国哲学家培根说，幸运中所需要的美德是节制，而厄运中所需要的美德是坚韧，后者比前者更为难能可贵。

这告诉我们，顽强的自制力是一个人不懈的坚持性中所不可缺少的东西，面对生活中的不幸和挫折，面对前进道路上的艰难险阻，我们要迎难而上，知难而进，把艰难困苦变为我们的顽强意志和坚韧毅力，变为矢志不移的努力。

（3）不怕失败

我们不是为了失败才来到这个世界上的，我们的血管里也没有失败的血液在流动。我们不是任人鞭打的羔羊。我们不想听失意者的哭泣，抱怨者的牢骚，这是"瘟疫"，我们不能被它传染。

生命的奖赏远在旅途终点，而非起点附近。我们也许不知道要走多少步才能达到目标，踏上第一千步的时候，仍然可能遭到失败。但成功就藏在拐角后面，除非拐了弯，我们永远不知道还有多远。再前进一步，如果没有用，就再向前一步。事实上，每次进步一点点并不太难。

（4）避免绝望

我们要尽量避免绝望，想方设法向它挑战。我们要辛勤耕耘，忍受苦楚。我们放眼未来，勇往直前，我们坚信，沙漠尽头必是绿洲。

总之，只要我们一息尚存，就要坚持到底，成功的秘诀就是：坚持不懈。

贴心小提示

在通向成功的道路上，我们每一个人都有遭遇挫折的时候。这个时候你是退缩呢，还是坚持不懈爬起来、拍拍尘土继续前进呢？

你要知道，选择了前者，也就选择了失败，而只有坚持不懈，才能最终走向成功。如果你不甘心失败，那么你就要坚持不懈！

你要坚持到底，因为你不是为了失败才来到这个世界上的，更不要相信命中注定失败这种丧气话，什么路都可以选择，但就是不能选择放弃这条路。

你要把"放弃""不可能""办不到""行不通""没希望"等字眼从自己的头脑中清除掉。

你要坚持到底，今天的你不可以因昨天的成功而满足，因为这是失败的前兆，你要用信心迎向今日的太阳，只要你有一口气在，你就要坚持到底。

马上行动！马上行动！马上行动！

你要一遍一遍地重复这句话，直至它成为习惯和行为本能。

当你早上一睁开眼睛就要说这句话：马上行动！

成功是不会等人的，马上行动，绝不放弃，全力以赴！

善于培养开拓创新的品质

开拓创新是一种综合能力，是各种智力因素和能力品质在新的层面上融为一体、相互作用、有机结合所形成的一种合力。

就开拓创新与成功的关系而言，开拓创新是后劲，是力量，是创造成功而不息的源泉。

如果我们没有开拓创新的精神，只会守旧地照老办法处理问题，我们就很难开辟一片光明的前景。

1. 认识开拓创新的意义

人类社会的发展史，实际上就是一部创新史。如果没有第一件生产工具的创造，人类至今仍然是茹毛饮血的灵长类动物；如果没有冶铁技术的创造，人类就不能进入发达的农业文明时代；如果没有第一台蒸汽机的发明，人类就不会进入大工业文明时代。

我国灿烂的古代文明尤其是举世闻名的"四大发明"为世界做出了巨大的贡献，而这些发明如果没有创新，是不可能产生的。因此，创新能推动社会的发展，更能改变自己的生活，使生活越变越好。

可是在现实生活中，很多人总是喜欢保守，不愿接受新事物，对于别人的创新更是嗤之以鼻。

然而在日新月异的社会，只有敢于接受新事物，勇于创新，才能很好地适应这个社会。

如果我们认为这件事值得一做，那么就不妨试试，完成几项别人认为"不可能"的事，我们就会发现自己已在不知不觉中步入了成功者的行列。

当我们改变以往对自己的认定，很可能就此超越自我，这样我们就会发现一个完全不同的自我。

今天，成功者不是继承型的人，而是创新型的人。因此，让我们学会积极地创新，抛弃以往保守的想法，这样才能大步迈向成功。我们永远要记住一句话：保守使人碌碌无为，大胆创新才能不落俗套，出奇制胜。

2. 勇于开拓创新

传统的想法是创新成功计划的"头号敌人"，传统的想法会冻结你的心灵，阻碍你进步，干扰你进一步发展。那么我们平时如何做到创新思维呢？

（1）寻找根源

要克服保守观念，就要找到根源，以便对症下药。一般来说，导致我们保守的主要根源有思想和社会两方面的原因。

从思想方面来说，主要是我们缺乏强烈的事业心和责任感，缺乏忧患意识。

在社会方面，主要是我们受到传统小生产习惯的影响，喜欢按老方式、老办法、老经验做事，缺乏开放性和创新性。

（2）大胆行动

我们要想真正克服因循保守的观念，强化创新意识，不能只停留在口头上，而要落实在我们的日常行动上，着力解决影响我们创新发展的各种问题。

（3）敢于实践

我们必须牢固树立实践第一的观点。社会实践是不断发展的，我们的思想认识也应当不断随之前进，不断创新。一定要坚持科学的态度，摆脱一切不合时宜的思想观念的束缚，大胆尝试和探索，不断开拓进取。

（4）从实际出发

在我们的日常工作中，我们决不能凭主观愿望和书本上的只言片语行事，更不能照搬抄旧的思维模式，而应该尊重一切客观事实，这样就可以有效克服自己的保守思想。

（5）要有长远眼光

现在的社会日新月异，整个世界正在并将继续发生许多新的变化，如果我们看不到这一点而故步自封，就只能被历史所抛弃。这就要求我们以广阔的眼界去观察和把握世界的主题与发展趋势，顺应历史发展的潮流，抓住机遇，迎接挑战，发展自己。

（6）接受各种创意

要丢弃"不可行""办不到""没有用""那很愚蠢"等思想。一位在保险业中表现杰出的人曾经说过："我并不想把自己装得精明干练，但我却是保险业中最好的一块海绵。我尽我所能去汲取所有良好的创意。"

（7）要有实践精神

废除固定的例行事务，去尝试新的餐馆、新的书籍、新的戏院及新的朋友，或是走跟以前不同的上班路线，或过一个与往年不同的假期，或在这个周末做一件与以前不同的事情等。

如果你从事销售工作，就试着培养对生产、会计、财务等的兴趣，这样会扩展你的能力，为你以后担当更重大的责任做准备。

（8）要主动前进

成功的人喜欢问：怎样做才能做得更好？我们可以每周做一次改良计划。

我们可以每天把各种改进工作的构想记录下来，在每星期一的晚上，花几个小时检视一遍写下的各种构想，同时考虑如何将一些较踏实的构想应用在工作上。

你现在懂多少并不重要，最重要的是，你以后学到什么，以及如何应用。

（9）培养求知欲

学而创、创而学，这是创新的根本途径。我们一定要具备勤奋求知精神，不断地学习新知识，才能在自主创新中发挥生力军作用。

学习是基础，没有充分的学习就没有创新。学习是我们进行一切活动的基础，也是我们创新的起点。没有知识基础的创新往往是不负责任的胡闹。

（10）培养好奇心

要对自己接触到的现象保持旺盛的好奇心，要敢于在新奇的现象面前提出问题，不要怕被人耻笑。

（11）培养质疑精神

有疑问才能促使我们思考，去探索，去创新。因此，我们平时一定要大胆质疑，提出多种解决问题的方案，找出最佳方法，多角度培养自己的思维能力。

提出问题是取得知识的先导，只有提出问题，才能解决问题。我们一定要以锐不可当的开拓精神，树立和提高自己的自信心，既要尊重名人和权威，虚心学习他们的丰富知识经验，又要敢于超过他们，在他们的基础上，再进行新的创造。

（12）多角度看问题

要有意识地从多种角度去思考问题，比如说你碰到一个问题，很有争议的问题，那么除了看到现有的解决方式以外，要想有没有别的解决方式，然后再好好审视自己的思考结果，看看有没有纰漏。

我们一定不能满足于现状，要经常思考如何在原有基础上创新发明、推陈出新，大脑里经常有"能否换个角度看问题？有没有更简捷有效的方法和途径？"等问题盘旋。

总之，在日常的学习、工作和生活中，我们要打破传统的观念和思维方式，在实践中树立开放的观念，增强创新意识，积极地调整自己的思维和生活方式，善于在广阔的时空中吸纳新思想，以达到正确解决问题的目的。

贴心小提示

再了不起的创意也离不开脚踏实地的实践，否则它永远只是一个空想。下面介绍一些管理和发展创意的技巧！

1. 不要让创意平白飞掉，要随时记下来

我们每天都有许多新点子，却因为没有立刻写下来而消失了。一想到什么，就马上写下来。

有丰富的创造心灵的人都知道，创意可随时随地翩然而至。不要让它无缘无故地飞走，错过了你的思想结晶。

2. 定期复习你的创意

把创意装进档案中。这种档案可能是个柜子，是个抽屉，甚至鞋盒也可以。定期检查自己的档案，其中有些可能没有价值，就干脆扔掉，把有意义的留下来。

3. 继续培养及完善你的创意

要增加创意的深度和范围，从各种角度去研究。时机一成熟，就把它用到生活、工作上，以便有所改善。

当建筑师得到一个灵感时，会画一张蓝图；当广告商想到一个促销广告时，会画成一系列的图画；当作家写作以前，也要准备一份提纲。

你要设法将灵感明确、具体地写出来，因为，当它具有具体的形象时，很容易找到里面的漏洞。进一步修改时，很容易看出需要补充什么。

接着，还要想办法把创意推销出去，不管对象是你的顾客、员工、老板、朋友，还是俱乐部的会员、投资人，一定要推销出去才行，否则就白费力气了。

第六章　成功与超越的心理境界

美国杰出的成功学大师奥普拉在总结成功学定律时，说了三句话——"认识你自己""做你自己""超越你自己"。

认识你自己，即知道自己最擅长什么，竭尽所能将其发挥出来，这是奥普拉的成功学第一定律。这一步，考量的是智慧。

做你自己，即敢于有所为和有所不为，这是奥普拉的成功学第二定律。它需要的不只是智慧，更是勇气。

超越你自己，这是奥普拉的成功学第三定律，更是一种境界。

成功包含着丰富的内涵，成功建立在扎扎实实的实干之上，并内化为人的一种崇高的精神境界。

正确地看待成功心理

成功就是实现自己有价值的理想，达到我们自己所设定的目标。是一种对自己所做的事情的满足感、自豪感及愉悦的心理。

我们每个人对于成功的定义是各不相同的，但成功都得付出自己的智慧和汗水。

1. 认识成功的意义

每个人心中都有对成功的渴望与追求，但对于成功的理解，则雅俗各异、仁智不同。

成功跟人生一样，本来是没有意义的，所有的意义都是人们赋予的。张三把自己能考上大学看作成功，读博士的李四则不认为那是一种成功，他认为只有找到一份高薪的能体现自身价值的工作才是成功。可见，成功对于每个人的意义是不完全相同的。

追究成功的意义其实就是追问人为什么要成功，世俗的成功无非就是名利双收及由此衍生出来的其他的收获，诸如亲情、友情、婚姻等。

但是并不是每个人都把名利双收当作成功的标准，有的人甘愿清贫一生，只过恬淡、清静、无忧的生活；有的人不求名不图利，只想实现自己的梦想；有的人只想做自己想做的事，说自己想说的话。

你没有理由认为别人的追求是无谓的，别人的成功是可笑的。每个人都有自己的梦想和幸福，每个人都有自己的成功标准，这正是世界多姿多彩的表现，正是有了各种各样的人、各种各样的事、各种各样的活法，这个世界才美丽和可爱。

假若我们大家千人一面，个性一致，活法相同，恐怕没有人愿意活在这个世界上。

虽然成功有各种不同的标准，但人们还是约定俗成了成功的基本标准。

在人类发展史上，有许多政治家、军事家、文学家、科学家令人仰慕，他们因为实现了奉献社会和完善自我的有机结合而成为真正的成功者，值得每一个人学习。

通俗的成功有一个标准，那就是是否拥有相当的物质和精神财富，并将这些财富应用于生活当中，让自己和家人生活得更好。

由此看来，成功既是个宽泛的概念，同时也是一个内涵很小的概念，它的标准也即意义就是：一个只有尽到了自己应尽的责任，做了自己想做的事，才算得上成功。

2．把握成功的心理定律

太阳东升西落，大海潮起潮落，月亮阴晴圆缺，春夏秋冬更替，一切都是那么的有规律。其实在人类的心灵里也存在着许多规律，以下是一些成功的心理定律，你可以应用它们在任何的领域里。

（1）自信定律

当你对某件事情百分之一万地相信，它最后就会变成事实。自信是习惯性的思想信念，如果我们经常有失败的念头，你便已经输掉了一半；让信仰的力量和心安的感觉充满心中，就是获得自信的秘诀，也是消除疑惑、克服缺乏信心的最佳方法。

（2）期望定律

期望定律告诉我们，当我们怀着对某件事情非常强烈的期望的时候，我们所期望的事就会出现。炽烈的愿望可以产生行动的动力，这是伟大的成就所必需的，你能成功，只要你的期望够强，信念够坚定。

（3）情绪定律

情绪定律告诉我们，人百分之百是情绪化的。即使有人说某人很理性，其实当这个人很有"理性"地思考问题的时候，也是受到他当时情绪状态的影响，"理性地思考"本身也是一种情绪状态。所以人百分之百是情绪化的动物，而且任何时候的决定都是情绪化的决定。所以把握对方的情绪，是实现你成功的一个捷径。

（4）因果定律

任何事情的发生，都有其必然的原因。有因才有果。换句话说，当你看到任何现象的时候，你不用觉得不可理解或者奇怪，因为任何事情的发生都有其原因。你今天的现状是你过去种下的因导致的结果。

（5）吸引定律

当你的思想专注在某一领域的时候，跟这个领域相关的人、事、物就会被你吸引过来。

（6）重复定律

任何行为和思维，只要你不断地重复就会不断地加强。在你的潜意识当中，只要你能够不断地重复一些事物，它们都会在潜意识里变成事实。

（7）累积定律

很多年轻人都梦想做一番大事业，其实天下并没有什么大事可做，有的只是小事。一件一件小事累积起来就成了大事。任何大成就都是累积的结果。

(8) 辐射定律

当你做一件事情的时候，影响的并不只是这件事情本身，它还会辐射到其他的相关领域。任何事情都有辐射作用。

(9) 相关定律

相关定律告诉我们，这个世界上的每一件事情之间都有一定的联系，没有一件事情是完全独立的。要解决一个难题最好从其他相关的某个地方入手，而不只是专注在一个点上。

(10) 专精定律

专精定律告诉我们，只有专精于一个领域，你在这个领域才能有所发展。只有当你能够专精的时候，你才会出类拔萃。

(11) 替换定律

替换定律就是说，当我们有一项不想要的记忆或者是负面的习惯，我们无法完全去除掉，只能用一种新的记忆或新的习惯去替换它。

(12) 习惯定律

任何事情只要你能够持续不断去加强它，它终究会变成一种习惯。当然成功也是这样，如果我们把成功的知识和方法融入日常生活之中，让自己天天体验、天天实践，最终我们一定会养成高效的积极思维和积极行动的习惯，使追求成功变成生活方式。

播下一个行动，你将收获一种习惯；播下一种习惯，你将收获一种性格；播下一种性格，你将收获一种命运。

(13) 需求定律

任何人做任何事情都是带有一种需求的。尊重并满足对方的需求，别人才会尊重我们的需求。

（14）激励定律

激励就是鼓舞自己和他人并付诸行动，在整个一生中，激励都起着双重的作用：你激励别人，别人也激励你。

贴心小提示

这里不是测试你的技巧，也不是向你提出什么难题，只是对你的成功心理倾向做个剖析，使你对自己有个正确的认识。

下面每个题都有4个选项：A. 非常同意；B. 有些同意；C. 有些不同意；D. 不同意。请认真做每一道题！

1. 快乐的意义对我来说比钱重要得多。
2. 假如我知道这件工作必须完成，那么工作的压力和困难并不能困扰我。
3. 有时候成败的确能论英雄。
4. 我对错误非常严厉。
5. 我的名誉对我来说极为重要。
6. 我的适应能力非常强，知道什么时候将会改变，并为这种改变准备。
7. 一旦我下定决心，就会坚持到底。
8. 我非常喜欢别人把我看成是个身负重任的人。
9. 我有些嗜好花费很高，而且我有能力去享受。
10. 我很小心地将时间和精力花在某一个计划上，如果我晓得它会有积极和正面的成果。
11. 我是一个团体的成员，让自己的团体成功比获得个人的认可更重要。

12. 我宁愿看到一个方案推迟，也不愿无计划、无组织地随便完成。

13. 我以能够正确地表达自己的意思为荣，但是我必须确定别人是否能正确了解我。

14. 我的工作情绪是很高的，我有用不完的劲，很少感到精力枯竭。

15. 大体而言，常识和良好的判断对我来说，比了不起的点子更有价值。

现在我们来统计一下你的分数吧！

评分标准：

第1题．A：0分　B：1分　C：2分　D：3分

第2题．A：3分　B：2分　C：1分　D：0分

第3题．A：2分　B：3分　C：1分　D：0分

第4题．A：1分　B：3分　C：2分　D：0

第5题至第15题均为A：3分　B：2分　C：1分　D：0分

你得了多少分呢？

0～15分：成功的意义对你来说，是圆满的家庭生活和精神生活，而不是权力和精神的获得，因为你能从工作之外获得成就感，这个建议可以帮助你专注在实现自我的目标上。

16～30分：也许你根本就没想到去争取高位，至少目前是如此。你有这个能力，但是你还不准备做出必要的牺牲和妥协。这个倾向可以促使你寻找途径来发展跟你目标一致的事业。

31～45分：你有获得权力和金钱的倾向，要爬上任何一个组

织的高峰对你来说是比较容易的事情，而且你通常能办到。

不要让奢侈心理蔓延

奢侈心理是一种浮夸玩乐、不思进取的腐朽思想。人如果放纵自己的嗜欲就会失去平和善良的本性。所以，一味地让奢侈心理蔓延会丧失自己的本性。对此，我们应具有良好的世界观与责任感，从而消除享乐，远离奢侈。

1. 了解追求奢侈的原因

为什么有的人会有追求奢侈的心理呢？

（1）炫耀心理

在许多人的眼里，奢侈品是一种富贵的象征，一部分人出于一种显示自己的地位和威望的心理，以此来炫耀或标榜自己。

（2）情不自禁

那些名牌奢侈品，通过精美独特的广告宣传加上良好的柜台展示，很容易吸引我们，尤其是年轻女性。大商厦精心布置出的迷人灯光效果，设置在购物场所的广告及播放的画面、音响造成强烈的感官冲击，再加上瞄准顾客求新求奇的触摸欲而特意排列的商品，总叫人容易犯"拿得起"就再也"放不下"的毛病。

（3）享受心理

有相当一部分人买奢侈品是为了欣赏和享受，这类人通常喜欢追求商品的欣赏价值和艺术价值。他们在选择商品时，特别注重商品本身的造型、色彩，注重商品对人体的美化作用，对环境的装饰作用，以便达到艺术欣赏和精神享受的目的，而大部分奢侈品可以满足他们这种欣赏欲望。

（4）逃避压力

有不少人认为花大笔钱购物是面对痛苦、压力时转移注意力、回避痛苦的一种方式。产生这种现象的深层原因是人际关系的摩擦使人的心理变得异常敏感。

现代职场白领竞争很激烈，变得越来越压抑或敏感，再加上高强度的工作压力，不少职场白领常常会有想逃避的冲动。

尤其对作为女人来说，出于逃避痛苦、压力的本能，她们更容易成为购物狂。其实，这样最终可能会加剧人的压力，形成心理失衡的恶性循环。

2. 克服奢侈心理的方法

在自己经济条件允许的情况下，或作为犒劳自己偶尔购买奢侈品其实无可厚非，但有些人经常不顾自己的经济状况血拼、攀比，或把购物作为治疗心理疾病、精神抑郁等的方法，常在带着奢侈品回家的同时，也带回自己难以承受的账单。怎样纠正过于强烈的奢侈品购买心理呢？

（1）少找理由

如果你经常一边对自己的疯狂血拼产生悔意，一边又不断地找些冠冕堂皇的理由来让自己安心，如"购物是享受""购物有益于健康""女人就应该对自己好一点"之类，那就应该注意对自己不断找理由的行为喊"停"了。

（2）实用第一

商厦总是在最佳位置，如和人视平线等高的一层货架上摆上新颖的商品，以其醒目位置吸引人去购买。这时一定要记住，先买必需的日用品，并告诉自己"我先买有用的东西，然后再回来逛"，这样可以使我们克制冲动购买欲，把钱花在有用的东西上。

（3）少见少摸

心理学上讲，我们人的行为动机往往由人的需要、情绪喜好、外部诱因即环境刺激共同起作用。除克制自己的情绪外，要尽量让自己远离环境刺激。例如，当有购买冲动时，可用运动来代替，尽量选择一个远离购买诱惑的环境。实在忍不住要去，也一定要让自己只看不摸。

（4）只用现金

用信用卡固然潇洒、方便，但对于那些不余其力血拼奢侈品的"超购症"患者来说只会让症状更严重。信用卡付款简便，总让人有"没花什么钱"的错觉，还是让钞票过过手，这种真实的感觉可以提醒你，已经花了不少钱了。

贴心小提示

你对于奢侈到底持怎样的态度呢？现在让我们来做一个测试吧！

假设你之前在银行存了一笔定期存款，现在时间到了，你想把这笔钱取出来，并买一样东西，你会买什么呢？

1. 意大利制造的单人沙发。
2. 现代艺术石版画。
3. 办一张某高级健身中心的VIP卡。
4. 液晶宽屏电视。

如果你选择1，说明你是从奢侈生活中感受奢侈，几年前景气的时候，你就已经带着羡慕的眼光看那些有钱人过着奢侈的生活了，或许当时你暗暗许下心愿，有天你也要出人头地。就算现在经济不景气，但是你的野心却不曾泯灭，还是脚踏实地比较重要。

如果你选择2，说明艺术气息让你的心灵倍感奢侈。嗜好等于享受是你的理论，你觉得能尽情地做自己感兴趣的事情就是最大的享受。你的兴趣在于艺术，你欣赏美的事物，只要接触到艺术你就觉得非常幸福。所以，就某个层次而言，你或许才是最富有的人。

如果你选择3，说明保持身材是你最大的奢侈，你认为金钱会有用完的一天，人活着最大的资本就是自己的身体，保持身体健康，进一步锻炼窈窕的体态，对你而言才是最奢侈的享受，其实这样的观念是很好的，不过，过度激进，成为狂热的减肥者，就不太好了。

如果你选择4，说明你是爱好和平的现实主义者。你的潜意识提醒你奢侈是罪大恶极的，所以你认为收藏古董、被金钱指使或恣意妄为的奢侈会使人走向灭亡，因此你看不起它，提醒自己要一步一个脚印开拓实在的人生。其实，有的时候买个奢侈品慰劳一下自己也未尝不可，这是一种鼓励自己的好方法呢！

幸福其实是一种心理感受

幸福是一种自酿的美酒，是自己酿给自己品尝的；幸福是一种主观感受，是要用心去体会的。每个人都可以让自己过得很充实、很幸福，只要你热爱生活！

在某种程度上说，幸福感就等于成功，如果一个人成功了却没有幸福感，那我们很难说他真正成功了。

当然幸福感对于不同的人是不一样的，正如花有千样红、万种态，不同的人对幸福有不同的期待，对幸福有不同的理解。

1. 了解幸福的含义

当我们降低对生活、对工作、对他人的期待时，我们常常容易跟幸福邂逅。

那么，如果一个人总是感觉不幸福，并不是什么事、什么工作、什么人、什么制度让他不幸福，而是他缺少感觉幸福的心理能力。

其实，对幸福的感觉是一种心理能力。

真正的幸福感是谁也拿不走的，那是人对世界、对人类和对自己所持的一种态度。让自己的内心充满自信、满足、博爱，我们就创造了幸福。幸福只能从内心去寻找，当你找到幸福的时候，你的生活也会变得阳光灿烂。

在心理学上，幸福感是一种长久的、内在的、坚定的心理状态，并非短暂的情绪体验。

幸福感大致可以从三个方面来加以把握：

首先是满意感，个人的基本需要是否得到了满足，最基本的是身心健康，衣食无忧。

其次是快乐感，许多事情都能带给人快乐。

而幸福感的较高表现是价值感，它是在满意感与快乐感同时具备的基础上，增加了个人发展的因素，比如目标价值、成长进步等，从而使个人潜能得到发挥。

个人的幸福感是强还是弱，可以通过以下的方面来衡量：知足充裕体验、心理健康体验、社会信心体验、成长进步体验、目标价值体验、自我接受体验、身体健康体验、心态平衡体验、人际适应体验、家庭氛围体验。每个人在现实生活中，对自己的生活质量都有满意与否或满意程度高低的不同评价,这些不同的评价与个人对自己生活质量的期望值有关。

心理学家和哲学家弗洛姆将人的价值观和生活方式区分为占有与存在两种,重占有者将生活视为追求金钱、权力和外在成功的无止境过程,而重存在者关注的是生命本身的成长和人性潜能的实现,这两种人的幸福是不同的:前者会越来越烦恼,后者会越来越幸福。

适当控制物质欲望的增长,从生活中寻找其他快乐因子,特别是更多致力于精神需要的满足,如潜能实现、求知、审美、终极关怀,会增加幸福感。

"积极心理学之父"马丁·赛里格指出,成功与幸福感没有必然的联系,在温饱线之上,财富与幸福感也没有必然联系。

2. 缺乏幸福感的原因

幸福感是一种长久的、内在的、坚定的心理状态,并非短暂的情绪体验。幸福与否并不是赚钱时的快乐、花钱时的痛快,很大程度上取决于和财富无关的因素,例如身体健康、工作稳定、婚姻状况及人际关系等,这与个人对生活的认识、社会的发展也有很大关系。

我们现在的物质比以前丰富多了,但是我们有的人的幸福感却没有增加,反之下降了,这是什么原因呢?

(1)喜欢比较

现代人把主要精力都投入到竞争中,比职位、比房子、比财富。比来比去,我们的心里只剩下欲望,没有了幸福。一旦人追求的不是如何幸福,而是怎么和别人比幸福时,幸福也必然离你远去了。

(2)缺乏信念

在经过多年冲刺般的财富赛跑后,一些人除了赚钱,不知道人生中的目标与追求到底是什么,甚至不知道自己究竟想要什么。这种缺乏信念与理想的状态，难以产生长久、快乐的幸福感。

（3）不够阳光

生活中有许多积极的、好的方面，但许多人却忽略了它们，"只看到自己的不幸，忽略了自己的幸福""放大了别人的幸福，缩小了自己的快乐"是其真实写照。

（4）不愿奉献

在生活中多去帮助他人，能让自己感到更快乐。但现代社会中，乐于无私奉献的人越来越少，斤斤计较的人越来越多。如果你总算计着"我能从中得到什么"，就会生活得很累。

（5）不知满足

俗话说："知足者常乐。"但能知足的人很少，有了房子想换更大的，有了工作想换更好的，有了钱想赚得更多。这些欲望，使人无休止地奔波劳碌，硬撑着去争取登上那"辉煌"的顶峰。

（6）缺乏信任

社会虽然通讯高度发达，但我们的心灵却渐渐疏远了。现在的人越来越倾向于"右脑"思维模式，而右脑掌管个体、权力、地位等，对于幸福的感受度是0。幸福感来自左脑的感受，很多时候不是生活中的幸福少了，而是我们不再掌握感受幸福的能力。

（7）过于焦虑

购房、子女养育、家庭养老等问题，因为职场晋升空间感到担忧而产生的工作压力，朋友同事之间人际关系的处理等都成了我们的压力源。在大城市中，无论老人、年轻人还是孩子，多处于一种烦躁不安的焦虑状态，这让人们无法从心底感受幸福。

3. 提升幸福感的方法

幸福其实并不像我们想的那样复杂，只要我们平时多加注意，就一定会感受到幸福。那么我们该如何提升自己的幸福感呢？

（1）对人对事有热情

做自己喜欢做的事，才能让自己更有热情，更能有幸福感。比如你可以选择对你有意义并且能让你快乐的课，不要只是为了轻松地拿一个A而选课，或选你朋友上的课，或是别人认为你应该上的课。

（2）多交朋友

不要被日常工作缠身，亲密的人际关系，是幸福感的信号，最有可能为你带来幸福。

（3）不惧失败

成功没有捷径，历史上有成就的人，总是敢于行动，也会经常失败。不要让失败的恐惧，绊住你尝试新事物的脚步。

（4）接受自己

失望、烦乱、悲伤是人性的一部分。接纳这些，并把它们当成自然之事，允许自己偶尔的失落和伤感。然后问问自己，能做些什么来让自己感觉好过一点。

（5）简化生活

生活其实越简单越好，复杂往往会严重降低自己的幸福感。即使好事多了，也不一定有利。

（6）加强锻炼

体育运动是你生活中最重要的事情之一。每周只要3次，每次只要30分钟，就能大大改善你的身心健康。

（7）有良好的睡眠

虽然有时"熬通宵"是不可避免的，但每天7～9小时的睡眠是一笔非常棒的投资。这样，在醒着的时候，你会更有效率、更有创造力，也会更开心。

（8）学会帮助别人

现在，你的钱包里可能没有太多钱，你也没有太多时间，但这并不意味着你无法助人。"给予"和"接受"是一件事的两个面。当我们帮助别人时，我们也在帮助自己；当我们帮助自己时，也是在间接地帮助他人。

（9）勇往直前

勇气并不是不恐惧，而是心怀恐惧，依然向前。

（10）学会感恩

生活中，不要把你的家人、朋友、健康、教育等这一切当成理所当然的。它们都是你回味无穷的礼物。记住他人的点滴恩惠，始终保持感恩之心。

贴心小提示

你幸福吗？如果你有下列的一些习惯，说明你还是比较幸福的。现在我们来看一下吧！

1. 拍照片喜欢露齿笑

美国迪堡大学研究发现，从小拍照就喜欢露齿笑的人，几十年后的离婚率只有其他人的五分之一。原因是物以类聚，人以群分，爱笑的人容易吸引和自己一样快乐的人，共同携手步入稳固的婚姻殿堂。

2. 旅游纪念品摆桌上

旅游回来，爱把各种各样的小纪念品和旅游照片摆在桌上的人，比其他人幸福感更强。加利福尼亚大学心理学教授索尼亚·柳波莫斯博士说，这些纪念品会经常提醒人记住旅游时美好的时光，并鼓动你再次出去旅游。

3. 不太喜欢看电视

美国马里兰州立大学一项历时34年、涵盖45000人的调查发现，最快乐的人看电视时间比普通人少30%。他们把大部分时间都用于经营社交关系、阅读书籍或参加各种活动。

4. 平时爱喝热饮料

手捧一大杯热茶或热咖啡，会让人从身体到心里都觉得温暖，这种温暖会导致人更积极、更阳光。研究表明，爱喝热饮的人比爱喝冷饮的人更友善、慷慨，更容易信任他人。

5. 再忙也要去运动

丹麦研究人员发现，喜欢慢跑等运动的人，压力水平比久坐者少70%，在生活中也很少抱怨。每天只要抽17～34分钟做适度运动，快乐感会迅速提升。

6. 有两个最好的朋友

一项调查指出，在已婚的654名成年人中，有两个朋友的人精神状态最佳。如果朋友超过两人，幸福感并不会增加。

7. 性生活很和谐

英国华威大学安德鲁·奥斯瓦德博士研究发现，身体亲密接触是幸福感的重要组成部分。已婚人士的性生活比单身者多30%，所以他们更快乐。

第六章 成功与超越的心理境界 | *179*

8. 和快乐的人住得近

和快乐的人交往也会让你更快乐。如果这个人住得离你很近，在800米之内，会增加你42%的快乐感；如果超过3200米，这种快乐感会下降22%。

9. 有一个姐姐或妹妹

英国心理学会的一份研究称，有姐姐或妹妹的女性在社会上能获得更多支持，她们性格通常比较乐观，解决问题能力更强。这是因为姐妹之间比兄弟之间更容易互相支持与交流，从而增加凝聚力。

快乐是成功的基本元素

人生在世，谁都希望生活得快快乐乐。快乐的人生是一次成功的旅行。正如幸福感一样，快乐也应该是成功的基本元素。如果你成功了，却没有感到丝毫成功的快乐，那从快乐的意义上讲，你是彻底失败了。

成功的境界里，离不开快乐的感觉，只有让自己体会到快乐，才表示我们获得了真正的成功，即使你的成功微不足道。心理专家调查发现，快乐的人似乎更乐意树立并努力实现一个个新的目标，这会进一步增强其乐观积极的情绪，从而推动其发展与成功。

1. 认识快乐的重要性

我们都知道，世界上有两种花，一种花能结果，一种花不能结果。不能结果的花有些更加美丽，比如玫瑰，又比如郁金香，它们在阳光下开放，没有任何明确的目的，纯粹只是为了快乐——自己灿烂怒放之余，又可以供人欣赏，娱人悦己，何乐而不为？

人类追求功名利禄无可厚非，然而有的人闷头赶路，错过沿途美景，只是为了尽快抵达目的地，因此忽略和舍弃一长串随手可撷取的小快乐。

结果如何呢？我们可能半途而废，意冷心灰；也可能登上了顶峰，却已暮色苍茫、星光暗淡，预期的大快乐无法兑现。

在现实生活中，我们不难见到这样一些人，他们脸色红润，身体健康，笑口常开，心情愉快，他们活出了人生的趣味。在事业上没有太大的建树，与名利双收、功成名就不沾边，这样的人果真是失败者吗？当然不是。

我们都听过一句话，不想当将军的士兵不是好士兵。但我们也知道，优秀的士兵不可能都成为将军，这里面有一个机遇和可能的问题，但只要我们切切实实努力了，问心无愧了，我们就可以坦然面对，笑傲人生。

痛苦过一辈子，快乐也过一辈子，为什么不快快乐乐地生活呢？人生苦短，为欢几何？拈花而笑，快乐即成功。这不是阿Q的精神胜利法，而是明心见性的智慧。

明确今生，把握此刻，这是至高无上的策略；创造快乐，享受快乐，这才是人生大道。

孔子说："从心所欲，不逾矩。"这里所说的"矩"，就是规矩，也是我们常说的"度"。我们可以按照自己的心愿和兴趣去创造生活，丰富人生，但不要逾越社会的规矩，要懂得敬畏法律法规。

快乐就是成功，这是充满阳光的人生哲学。看一个人是否成功，不是看他在社会上获得了什么，而是看他为社会付出或奉献了什么。

把对自己负责和对社会负责融合起来，竭尽所能地努力进取，不管结果如何，只要付出是值得的，就没有虚度年华，就是成功！

2. 把握快乐的方法

每个人都希望成功与快乐，可每个人对成功与快乐的定义却不相同。什么是成功呢？

一般人认为那些有财富、有地位、有名誉、有影响力的人才算成功，或者说实现自己的目标才算成功。而什么是快乐呢？一般人认为成功了就快乐了！

其实，这种认识是本末倒置的。也就是说只有拥有了很多的财富或者是有了很高的权力才是成功，成功了才会快乐。可见，快乐是建立在物质被满足的基础上。

快乐是有条件的，满足了条件才快乐，不满足条件永远不快乐，所以很多人都生活在极度的压力之中，没有体会到生活的意义。

人活着到底是为了什么呢？不管你是为了什么，是名还是利，是自由、健康、财富，还是子女、事业、家庭，也许最终都是为了追求快乐。

那么，我们就可以给出成功的定义。成功是以一种快乐的过程达成自己想要的目标，却不执着于结果。只要我们每天都在做我们应该做的事情，享受整个过程，不管结果如何，就不会后悔，更不会感到遗憾，毕竟我们努力去做了。

成功也好，快乐也好，其实都是自己的感觉。在成长的过程中体验充实与快乐，在实现结果的那一刻体验成功与满足。

那么我们该如何让自己更加快乐一点呢？

（1）少抱怨

快乐的人并不比其他人拥有更多，而是因为他们对待生活和困难的态度不同，他们从不问"为什么"，而是问"为的是什么"，他们不会在"生活为什么对我如此不公平"的问题上做过多的纠缠，而是努力去想解决问题的方法。

抱怨不能解决问题，却可以坏了你的心情。抱怨不能转嫁烦恼，却让自己少了理解和同情。豁达和幽默就是快乐之源。

（2）积极进取

快乐的人总是善于放弃让人安逸的环境和常规化的生活。安逸的生活常令人懒惰和麻木，而新颖和富有挑战的生活才会积累出欣喜的感觉，从来不求改变的人自然缺乏丰富的生活经历，也就难以感受生活的乐趣。

（3）与人为善

善解人意、滋养友情、乐于助人，一段深厚的友谊，一生感人至深的善举，一定能带给你快乐，孤独与友谊绝交，与理解无缘，与力量分手。

真情奉献所衍生的归属感和自尊感令你充实和纯洁。根据自己的能力，为社会和他人做些有益的事，就能受到人们的拥戴，自己也会高兴和充实。

在帮助他人的时候，自己内心会体验一种喜悦和幸福。帮助别人解除困惑、放松精神的时候，自己的精神境界也会得到升华，心灵得到洗涤。

（4）快乐地工作

一个人的价值是被人需要，一个人的最大快乐是看到自己努力的成果。不论我们从事何种工作，专注于它能够刺激人体内特有的一种荷尔蒙的分泌，它能让人处于一种愉悦的状态。

爱生活而快乐工作，快乐工作的成就使你得到更多的爱。对待工作的感受，全凭自己，当工作成为一种负担和折磨，快乐自然无影无踪。

（5）选择正面

这个世界不是完美的，永远都不会有完美。所以，我们要客观评判生活，这个世界总会有阴暗面，一缕阳光从天上照下来，总有照不到的地方。

如果你眼睛只盯在黑暗处，抱怨世界的黑暗，那是自己的选择。生命如同旅游，记忆如同摄像，注意决定选择，选择决定内容。选择正面，降低负面影响，就保持了对世界的一份美好乐观的态度。

(6) 追求理想

快乐的人活在当下，享受幸福的分分秒秒。但是，他们心中却有明确的目标。比如人生追求的目标，比如若干时间以后自己的定位。

那种始终明确和不断接近的目标能给他们带来快乐的感受，因为他们清楚地知道为什么而活，他们深刻地感受自己正在实现自己的理想。

(7) 自我激励

人们习惯通过快乐和有趣的事情来保持轻松的心情，但是快乐的人还能从困境和挫折中获得动力，他们不会因困难而感到沮丧。"一切皆可改变""机会还会再来""我能行"，是他们最习惯的思维和自我鞭策话语。不断鼓励自己的人和相信自己的人是快乐的。

(8) 生活有序

快乐的人从不把生活弄得一团糟，保持自我，调养心态，积极而有序地生活。不斤斤计较个人得失，做到"小利不贪，小患不避"，不与人攀比，让自己充满自信，按照自己的思想去生活，目标明确也更容易感到满足和快乐。

(9) 珍惜时间

快乐的人很少体会到被时间牵着鼻子走的感觉，他们视时间为生命，把时间都用在有意义的事情上。

快乐的时间都那么的有限，哪里有心思停留在不快乐之中？利用每一瞬间、每一天、每一次机会，给自己寻找快乐，做自己喜欢的，因为喜欢而去做。所以，他们能放下烦恼，自得其乐，乐而忘忧。

（10）心怀感激

抱怨的人把精力全用在对生活的不满之上，而快乐的人把注意力集中在能令他们开心的事情上，他们更多地感受到生活的美好，因为对生活的这份感激，所以他们才感到生活的幸福。

时时感恩，让我们以知足的心去体察和珍惜身边的人、事、物；时时感恩，让我们在渐渐平淡麻木的日子里，发现生活原本是如此的丰厚而富足；时时感恩，让我们领悟和品味世间的馈赠与生命的瑰丽。

（11）发现优点

让自己快乐的一个有效的方法是找出自己5个最突出的地方，比如有幽默感、积极性、美感、好奇心和求知欲等。这种训练的出发点是利用一个人最重要的能力去做可以带来自我满足的事情，比如洗热水澡或享用一顿美餐。

（12）坚持快乐

找一个适合自己的快乐方法，更重要的是长时间坚持，这会使你更快乐。坚持的时间越长越好。事实上，快乐可能真的与工作和坚持有关，快乐是一个过程，而不是一个终点。

有进必有退，有得必有失，平衡自己的心态和生活，才有和谐和快乐。快乐与否不在于客观世界的改变，而在于自我心态的转换。世间没有挥不去的烦恼，只有一颗不肯快乐的心。

美好的生活应该时时拥有一颗轻松自在的心，不管外在世界如何变化，自己都能有一片清静的天地。放下阻碍、开阔心胸，心里自然清静无忧。

贴心小提示

下面有一些方法，它们能够使你变得快乐，一起来看看吧！

1. 大声欢笑

仅仅是想象一下快乐有趣的事情，便可以增加安多芬等让人快乐的荷尔蒙分泌，并降低压力荷尔蒙的分泌。

2. 一同哼唱

音乐有着无可比拟的缓和情绪的作用，研究显示，音乐能够刺激产生快乐感觉的那部分大脑。

3. 做做园艺

新鲜空气和适当活动可以帮助减压，让你感觉身心健康，此外，清理杂草、看着种子开出花来、修剪枯枝所带来的成就感会持续好几天，至少是好几个小时。

4. 去安静的地方

图书馆、博物馆、花园都是喧嚣尘世中给你带来平和宁静的小岛，在你家附近找个安静的地方作为你的秘密基地。

5. 做志愿者

帮助他人可以让你全面地考虑自己的问题，也提供了一个社交的场所。快乐的人总是乐于助人的，帮助他人可以让你更快乐。

6. 学会独处

尽管与人相处是消除压力的最佳良药，有时你也需要独处给自己充电并进行思考，独自外出吃一顿午餐、看一场电影或是花一个下午阅读、逛书店或古董店吧！

自我超越是对自身能力的突破

自我超越是指在生活的多个方面，包括个人和职业等方面，都很精通和熟练，并能不断生发和保持创造性张力。一个能够自我超越的人，一生都会追求卓越的境界，自我超越的价值在于学习和创造。

有高度自我超越修炼水平的人，都具备一些基本特征。他们的愿景和目标背后，都有一种特别的目的和使命感。

1. 认识自我超越的重要性

我们每个人来到世上，都希望创造出辉煌的成就，创造出有个性的自我，希望自己的学识、风度得到别人的赏识与赞美，但并不是每个人都能在灯光闪烁的舞台上神采飞扬。

作为一个平凡的个体，大多只能在灯光背后议论，在领奖台前充当观众，没有人关注，没有艳丽的鲜花和热烈的掌声。那么我们难道就不能实现自己的成功吗？

不是的，只要我们能够超越现在的自己，我们也能够成功。

没有生活目标的人，生活的层面十分狭隘。他们总是只关心自己，只关心眼前的一点利益。这种人就像井底之蛙。

胸怀大志的人的一个显著特征就是他们勇于超越自我，全力以赴圆自己心中的梦。

也许你只是一块矗立山中，终日被日晒雨淋的顽石，丑陋不堪而无声无息，在沧海桑田的变迁中，被人遗忘，可你长久地立在那里，便是你永恒的骄傲。

也许你只是一朵残缺的小花，只是一片熬过旱季的叶子，只是一张发黄的纸，一块染色的布，但因为有了你，世间多了一道独特的风景。

当然，自我超越并非易事，但通过自我超越的修炼可以重新认识自己、认识人生，挖掘出内心向上的欲望和潜能，以一种积极的、创造性的态度对待生活。

物理学家霍金患肌肉萎缩性侧索硬化症，但他克服了种种困难，成为世界上继爱因斯坦之后的杰出理论物理学家，这就是他不断设定目标、超越极限、实现自我超越的结果。

只要你拥有勤劳的双手、充满智慧的头脑，你就能战胜自我，你就能超越自我！让我们都能超越自我，做一个超越自我、展望生命的人，让每一分每一秒都活得很踏实！

2. 掌握自我超越的方法

超越自我是对自身能力或素质的突破，这不仅仅是心理潜能的激发，更多的是人性的完善、境界的提高或智慧的凝结。

我们在改造自然、构筑社会的过程中，会逐渐形成一些规范和认识，这有利于个体适应环境并且与环境互动协调。

但是，由于我们的认识层次不够、信息不足，我们往往会片面，这是谁都不能避免的。片面带来的规范异化、认识异化或本能误导对人适应环境是不利的，甚至成为人存在和发展的障碍。

超越自我在相当多的时候更倾向于人格塑造。超越自我一般都要通过自我调节才能顺利实现，特别是心态的调节。

有时候，自我超越和自我调节没有严格的区别。自我调节可以看成是短期的行为，以暂时应对心灵的失衡与变化。

自我超越的效应则更倾向于长期，不仅仅依靠心理调适，还融合了充分的知识、条件，是心态的更好阶段，是水平、境界、资源和能力的更高层次。

可以说，自我超越少不了自我调节，因为个体需要磨合，不断调整、不断感觉，与自然和社会相适应。

但是自我调节未必能够促成自我超越，因为自我超越要复杂得多，往往以自我突破为表现，再上一个台阶。

超越自我需要人积极不懈的努力，坚持和积累比素质和技巧重要得多。

那么我们该如何通过不断努力，实现自我的超越呢？

（1）保持期待

我们有目标，但其不一定是我们真正的期待。

期待是我们内心真正最关心的事。

同时因为人们真正在意的是自己的期待，自然做起事来精神奕奕，充满热忱。当面对挫折的时候，也会坚韧不拔。

（2）保持张力

即使期待是清晰的，我们也会敏锐地意识到期待与现实之间的差距。

"我想要成立自己的公司，但是没有资金"或是"我想从事真正喜爱的职业，但是我必须另谋他职以求度日"，这种差距使一个期待看起来好像空想或不切实际，可能使我们感到气馁或绝望。

但是相反地，期待与现况的差距也可能是一种力量，由于此种差距是创造力的来源，我们把这个差距叫作张力。

创造性张力可转变一个人对失败的看法。失败不过是做得还不够好，是期待与现状之间存在的差距。失败是一个学习的机会，可看清楚现状。

（3）克服困难

假想你向着自己的目标移动，有一根橡皮筋象征创造性张力，把你拉向想要去的方向，但是还有一根橡皮筋，把你拉向与目标相反的方向。

当我们越是接近达成期待时，第二根橡皮筋把我们拉离期待的力量越大。所以我们要经常激励自己，克服各种负面因素的困扰。

（4）运用潜意识

自我超越的实践过程中，需要用到自己的潜意识。事实上我们都曾不自觉地通过潜意识来处理复杂的问题。

潜意识对于我们的学习是非常重要的。人自出生起每件事都需要学习。只有渐进地学习，婴孩才能够学会一切。任何新的工作，都需要专注与努力。

在我们学习的过程中，整个活动从有意识的注意逐渐转变为由潜意识来掌管。

譬如，在你初学开车的时候，需要相当大的注意力，甚至和坐在你身旁的人谈话都有困难。然而，练习几个月后，你几乎不需要在意识上专注，就可做同样的动作。

不久之后，你甚至可在车流量很大的情形下，一面驾驶，一面跟坐在旁边的人交谈。

学钢琴、学绘画、学舞蹈、学打球、学太极拳都是如此，把熟练的部分交给潜意识来管，而让意识专注于其他方面。

培养潜意识最重要的是，它必须契合内心所真正想要的结果。愈是发自内心深处的良知和价值观，愈容易与潜意识深深契合，甚至有时就是潜意识的一部分。

贴心小提示

实现自我超越，不是一件容易的事情。但是并非完全不能实现。

对每一个人来说，在自我超越时，应当坚持做好如下三点：

1. 注重理性

注重理性，客观地看待自己和世界，是自我超越的基本要求。

当自我超越成为一项修炼、一项融入我们生命之中的活动时，首先就要弄明白什么是最重要的。

从理想到理性，是人性本来面目的复原。基于人性化的期待，才具备坚实的力量源泉，失去人性化的目标，最终会使自己迷失方向，看不清眼前的各种矛盾和冲突，从而失去前进的力量。

2. 享受过程

即使是理性的期待，在实施的过程中照样会遇到挫折和困难。理性地看待挫折，不仅是战胜挫折的良好手段，更是获取机遇、取得突破的必经之路。因此，成功的自我超越，收获的不仅仅是结果，更重要的是过程，过程比结果更重要。

3. 融入团队

一滴水不能掀起狂涛巨浪。要想发挥一滴水的最大作用，只有放入大海才才能积少成多、波涛汹涌。同样，一个人再有能力，脱离了团队，都不可能成功。一个人要发挥出最大的能力，也必须融入团队。因此，个人的自我超越是团队的基础，而团队的整体超越则是个人成功的根本。

融入团队是个体自我超越的再超越，是团队自我超越的基础，也是团队系统思考的重要成果。

感恩心理能体现生命的温暖

感恩是一种积极的生活态度，是一种善于发现生活中的感动并能享受这一感动的思想境界。在我们成功的时候，首先想到的应该是感恩。有一颗感恩的心，就会有一份温暖的情怀伴你左右。我们生活在这个世界上，感恩，就如同空气一般，是我们人人都需要的。

感恩是一种处世哲学，也是生活中的大智慧。学会感恩，这样你才会有一个积极的人生观，才会有健康的心态。让我们永远记住成功路上的艰辛和那些帮助过我们的人吧。

1. 认识感恩的重要性

有一句话叫"恩将仇报"，很多人往往记怨不记恩，别人对你好，你会希望他能对你更好，或是别人已经借给你钱，却还觉得不够多，反而嫌别人小气。如果有了这种想法，便是不知感恩图报的人，只希望别人付出，不想回馈，而且还贪得无厌。

一个不懂感恩的人，对世界上任何人、任何事都会怨恨。忘恩负义的人永远不会满足，永远都在怨恨别人。因此，我们应该学会感恩，避免怨恨。

我们要学会感恩，生活给予我挫折的同时，也赐予了我们坚强，我们也就有了另一种阅历。对于热爱生活的人，它从来不吝啬。就看你有没有一颗包容的心来接纳生活的恩赐。

酸甜苦辣不是生活的追求，但一定是生活的全部。试着用一颗感恩的心来体会，你会发现不一样的人生。不要因为冬天的寒冷而失去对春天的希望。

朋友相聚，酒甜歌美，情浓意深，我们感恩上苍，给了我们这么多好朋友，我们享受着朋友的温暖，生活的香醇，如歌的友情。

走出家门，我们走向自然。放眼花红草绿，我们感恩大自然的无尽美好，感恩上天的无私给予，感恩大地的宽容广博。

生活的每一天，我们都充满着感恩情怀，我们学会了宽容，学会了承受，学会了付出，学会了感动，懂得了回报。

用微笑对待每一天，用微笑对待世界，对待人生，对待朋友，对待困难。所以，我们每天都有好心情，幸福每一天。

我们感恩，感恩生活，感恩朋友，感恩大自然，每天，我们都以一颗感恩的心去面对生活中的一切。

2. 学会感恩

在别人需要帮助时，伸出援助之手；而当别人帮助自己时，以真诚微笑来表达感谢；当你悲伤时，有人会抽出时间来安慰你等，这些小小的细节体现的都是一颗感恩的心。

学会感恩，为自己已有的而感恩，感谢生活给你的赠予。这样你才会有一个积极的人生观，也才能有健康的心态。那么我们如何才能做到感恩呢？

（1）养成感恩的习惯

每天清晨醒来时，我们都要默默地感激现在的生活和所拥有的一切。

你不必感谢特定的某个人，因为你可以感谢生活！感谢今天又是新的一天。你可以对自己说：我真是个幸运的家伙！今天又能安然地起床，而且还有崭新的完美一天。我应该好好珍惜，去扩展自己的内心，将自己对生活的热情传递给他人。我要常怀善心，要积极地帮助别人，而不要对别人恶言相向。

（2）一张小卡片

如果别人向你寄来一张表达谢意的卡片时，你一定会很开心吧！表达谢意时，不需要正式的感谢信，一张小小的卡片就可以了，礼轻情意重。

（3）一个小拥抱

对你深爱的人，与你相处很长时间的朋友或同事，小小的拥抱是很好的礼物。

（4）一个小善举

不要为了私利去做好事，也不要因为善小而不为。留心一下他人，看看他喜欢什么，或者需要什么，然后帮他做点什么。行动强于话语，说声"谢谢"不如做一件小小善事来回报他。

（5）一份小礼物

不需要昂贵的礼物，小小的礼物也足够表达你的感恩了。

（6）公开地感谢

在一个公开的地方表达你对他们的感谢，比方说办公室里、在与朋友和家人交谈时、在博客上、在当地新闻报纸上等。

（7）一个意外惊喜

小小的惊喜可以使事情变得不一般。比方说，在妻子下班回到家时，你已经准备好了美味的晚餐；当丈夫去工作时，发现自己的汽车已经被你清洗得干净又漂亮；当女儿打开便当时，发现你特意做的小甜点。

（8）对不幸也感激

即便你遭遇挫折与打击，你也要心怀感恩。你不是去感恩伤心的遭遇，而是去感恩那些一直在你身边的亲人、朋友，你仍有工作、家庭，生活依然给予你积极心态等。

感恩是一个人该拥有的本性，也是拥有健康性格的表现。生活、工作、学习中都会遇到别人给你的帮助和关心，也许你不能一一地回报，但是对他们表示感恩是必须的。

贴心小提示

生活的每一天，我们都应该充满感恩的情怀。用微笑去对待你的每一天吧！让我们从现在开始感恩。

感谢伤害我的人，因为他磨炼了我的心志。

感谢欺骗我的人，因为他增进了我的见识。

感谢遗弃我的人，因为他教会了我自立。

感谢绊倒我的人，因为他强化了我的能力。

感谢斥责我的人，因为他助长了我的智慧。

感谢蔑视我的人，因为他唤醒了我的自尊。

感谢父母给了我生命和无私的爱。

感谢老师给了我知识和看世界的眼睛。

感谢朋友给了我友谊和支持。

感谢完美给了我信任和展示自己能力的机会。

感谢邻家的小女孩给我纯真无邪的笑脸。

感谢周围所有的人给了我与他们交流沟通时的快乐。

感谢生活所给予我的一切，虽然并不都是美满和幸福。

感谢天空给我提供了一个施展的舞台。

感谢大地给我无穷的支持与力量。

感谢太阳给我光和热。

感谢我爱的人和爱我的人，使我的生命不再孤单。

感谢我的对手，让我认识自己。

感谢鲜花绽放，绿草如茵，鸟儿歌唱，让我拥有了美丽、充满生机的世界。

感谢日升让我在白日的光辉中有明亮的心情。

感谢日落让我在喧嚣疲惫过后有静夜可依。

感谢快乐让我幸福地绽开笑容，美好地生活。

感谢伤痛让我学会坚忍，也练就我释怀生命之起落的本能。

感谢有你尽管远隔千里，寒冬里也给我温暖的心怀。

感谢所有的一切。

感谢我身边每一位好友，为你祝福，为你敲起祈祷钟！伴你走过每一天。

高峰体验是成功的最高境界

美国心理学家马斯洛在调查成功人士时，发现他们常常提到生命中曾有过一种特殊经历，感受到一种发自心灵深处的战栗、欣快、满足、超然的情绪体验，由此获得人性解放和心灵自由，并照亮了他们一生。马斯洛把这种感受称为高峰体验。

处于高峰体验中的人通常感到自己正处于自身力量的顶峰，正在最佳地、最充分地发挥自己的潜能。会感到自己比其他任何时候更加聪明、更加敏锐、更加机智、更加强健、更加有风度。

1. 认识高峰体验的表现

这种欣快、满足、超然的情绪体验又是如何发生的？这种体验真能改变人对生命的感觉吗？如果这种体验真的如此神奇，人们又如何捕获它呢？让我们共同来解析这种情绪现象。

处于高峰体验的人具有最高程度的认同,最接近自我,最接近其真正的自我,达到了自己独一无二的人格或特质的顶点,潜能发挥到最大程度。

高峰体验者被认为是更具有创造性、更果断、更富有幻想、更加独立,同时很少有教条和官僚。高峰体验者很少关注物质财富和地位,更多地去寻找生命的意义。

自我实现的人,即处于需要金字塔的顶层的人,更可能发生高峰体验,因为达到这个阶段的人有一种个人发展的需要,不会像我们大多数人受焦虑的折磨,对现实进行曲解,这使得他们能更清楚地评判他人和环境。

自我实现的人可以用很高的心理能力在很多领域,如科学、艺术甚至是社会服务行业表现优秀。自我实现的人并非完美无缺,只是他们没有阻碍自己实现潜能的障碍。

当然,如果你从来没有过高峰体验,这并不意味着你的心理没有达到高水平,并非所有自我实现的人都会有这样体验。

虽然自我实现的人更容易有高峰体验,有些还没达到自我实现阶段的人也有可能有这种体验。

高峰体验不能通过个人的意愿而发生,但却有可能通过安排自己周围的环境提高它发生的可能性,例如安排自己独处可能是一个有益的影响因素。

2. 创造高峰体验的方法

高峰体验的确存在一种精神顿悟的色彩。顿悟需要两个条件:一是强烈的精神灌注,意识长久地指向某个目标;二是心智的压抑,心灵积攒了太多的能量。当两者到了某一个值的时候,就会造就灵光一闪。

更多成功人士的高峰体验是逐步形成的,随着学识的渊博,意识的扩展,精神的完满,像修炼一样,随着心灵的成长、提升、净化,人变得公平、开朗、豁达、宽容、博爱与慈悲，这样的内心境界谁能说不是一种生命的高峰！

高峰体验的核心是让人的心灵得以从现实中解放，他们接受现实，却保持着高度的心灵自由与超越。

生命潜能、创造力、智慧、灵感、道德、坦诚、良知、博爱、慈悲、无私、使命感与信仰，对所有生命珍爱、保护和敬畏，这些都是人类心灵美的标识。

在更高的层面，心灵力量可能是所有生命现象的内核，是生命现象的原动力，象征着宇宙中生命的朴实、坚韧与恒久。心灵不美丽的人不可能真正得到生命中那种高峰体验的快乐，心灵美丽的人却可以时时刻刻顺手拈来。

我们是不是要把高峰体验看作是人类的一种普遍经验呢？以下步骤可能帮助你去寻求生命中的奇妙体验。

（1）积蓄情感

你用一个不短的时间来思索生命的意义、价值、目的，思索有限与无限、自由与约束、现实与永恒之间的关系。你需要一定的情绪压力，感觉到自我的无助、无能和渺小。

（2）回归自然

山水、林间、旷野、海岸、峰顶，把心智长久集中于眼前一花一木、一沙一石、草地、星空、海潮、山峦、地平线上。

（3）感觉自然

闭上眼睛，让风吹拂着你，水流冲刷着你，山林的气味、虫鸟的声音、宇宙的深邃包裹着你。感受自然神奇的力量、活力，感受生命中的一切。

（4）缓慢思索

无意识去思索我是谁？100年后，或者1000年后如果我存在，会是什么样？如果我只有一天的生命，什么对我是最重要的？不要立即给出答案。

（5）放弃自己

深深缓慢地呼吸，放弃那些难以回答的问题，放弃自己，忘却自己，让自己完全融入自然之中，意识无意识都随风而去，随浪而流，思维停滞，情绪凝结，物我两忘。

（6）寻找心灵

用内视的方法，探索心灵深处那一丝光亮，在它的指引下，你游走在宇宙的深处，感觉自然的博大、广阔、神圣、恒久，感受人性的温暖、和谐、博爱与一体。

（7）体验高峰

体验这一时刻内心的宁静、平和、舒缓，由此而引发一种缓慢的喜悦、涌动和心灵振荡。

（8）检视自己

这种体验过后，重新来思索生命的意义、价值、目的，思索有限与无限、现实与永恒之间的关系。在很长的一段时间里，你有了对自我的满足、积极的心态、丰富的灵感和创造力，以及充沛的精力和饱满的热情。

所以，不管你是第一次或第十次，是否获得那种超然的感觉，你都要牢牢记住，当这种心灵的提升到了某一个境界，高峰体验便会突如其来，并终身伴随和照耀着你。

贴心小提示

高峰体验是超越成功的一种境界，可以说是成功的最高境界。你是不是有过高峰体验呢？我们看一下高峰体验的一些特点，并对照一下自己吧！

1. 处于高峰体验中的人有一种比其他任何时候更加完整的自我感觉。他们更加心平气和，体验的我与观察的我之间更加一致，目标更加集中，更加协调有机化，自身各部分更加有效地组织起来，非常良好的运作，具有更加有效的协同作用。

2. 处于高峰体验中的人更加纯粹地成为他自己时，他就更能够与世界、与以前非我的东西融和。这就是说，对于自我同一性自然流露，或者自我的最完满的获得，本身就是对于自我的超越、突破和超出。此时，个体达到一种相对忘我的境界。

3. 处于高峰体验中的人通常感到正处于自身力量的顶峰，正在最佳地、最充分地发挥自己的潜能。他感到自己更加聪明、更加敏锐、更加机智、更加强健、更加有风度。他处于自身的最佳状态，一种如矢在弦、跃跃欲试的状态，一种最高的竞技状态。

4. 当一个人处于最佳状态时，往日刻不容缓、疲于奔命的苦差重负，现在做起来不再有老牛破车、苦苦挣扎之感，而是轻车熟路、势如破竹。优美的感情和优雅的风度现在浑然一体，伴随着充分发挥功能的得心应手，此时事事如水到渠成、瓜熟蒂落。

5. 处于高峰体验中的人比其他任何时候更富有责任心，更富有主动精神和创造力，更加感到自身就是自己行动和感知的中心。